Kaminski

STERNENSTRASSEN DER VORZEIT

Heinz Kaminski

STERNENSTRASSEN DER VORZEIT

Von Stonehenge nach Atlantis

bettendorf 1998

© 1995 by bettendorf'sche verlagsanstalt GmbH
München – Essen – Bartenstein
Alle Rechte vorbehalten

Umschlag: Zero Grafik und Design GmbH, München
Redaktion: Elisabeth Manzke
Satz: DTP Team Mayer & Ryll, München
Druck und Binden: Franz Spiegel Druck GmbH, Ulm
Printed in Germany

ISBN 3-88498-092-0

Inhalt

Vorwort 12

Teil I:
Megalithisches Kult- und Orientierungsnetz 23

1. Megalithische Sternenstraßen 1. und 2. Ordnung in West- und Mitteleuropa 24

2. Das Stonehenge/Wormbach-System 32

3. Ausrichtung der Hauptstraßenführungen mittels Sternenstraßen 2. Ordnung 40

4. Stonehenge: Orte und Grabstätten und deren Orientierung zu den Jahres-Hauptvisuren für Sonne und Mond, den Sternenstraßen 2. Ordnung 57

5. Wormbach: Ergänzungen der Interpretationen von 1982/1988 zu den Ausmalungen des Gewölbes und der 1989 freigelegten Pfeiler- und Wandausmalungen in der Ur-Pfarrkirche 60

6. Der Tierkreis in frühen Synagogen und frühchristlichen Kirchen: Ein wichtiger Indikator zur Auffindung vorchristlicher Kultstätten 85

7. Kurzbeschreibung frühgeschichtlicher Kultorte 104

8. Götternamen und deren Überlieferung
   in Orts- und Landschaftsnamen
   des Stonehenge/Wormbach-Systems 142

9. Mutter-, Jungfrauen- und Matronen-Gottheiten
   sowie ihre Verehrung in vor- und frühchristlicher Zeit
   im niederrheinischen Siedlungsraum 153

10. Mithras-Kult im römisch-germanischen
    niederrheinischen Kultkontaktbereich 170

11. Zusammenfassung der Ergebnisse 178

Teil II: Berechnungen und Tabellen 193

12. Ableitung der megalithischen West/Ost-Sternenstraßen
    1. Ordnung und einer zugehörigen megalithischen
    Längenmaßeinheit 194

13. Geschichtliche Längenmaße und ihre Beziehung
    zur Nippur-Elle der Sumerer 217

14. Nippur-Elle = Gudea-Elle.
    Ableitung der Beziehung 226

15. Längenmaßvergleiche mit der Nippur-Elle 228

16. Ablagen von Kultstätten, Kultbergen, Orten und Städten in km von den West/Ost-Sternenstraßen 1. Ordnung 245

17. Ablagen bedeutender Kultorte gegenüber der West/Ost-Sternenstraße 1. Ordnung, geographische Breite 42,88 Grad Nord in km 247

18. Ablagen bedeutender Kultorte gegenüber der West/Ost-Sternenstraße 1. Ordnung, geographische Breite 45,60 Grad Nord in km 254

19. Ablagen bedeutender Kultorte gegenüber der West/Ost-Sternenstraße 1. Ordnung, geographische Breite 48,41 Grad Nord in km 261

20. Ablagen bedeutender Kultorte gegenüber der West/Ost-Sternenstraße 1. Ordnung, geographische Breite 51,18 Grad Nord in km 270

21. Nord/Süd-Sternenstraßen 1. Ordnung 278

22. Nord/Süd-Sternenstraße 1. Ordnung auf der geographischen Länge der Lundy-Insel: 4,67 Grad West 280

23. Nord/Süd-Sternenstraße 1. Ordnung auf der geographischen Länge von Stonehenge: 1,84 Grad West 281

24. Nord/Süd-Sternenstraße 1. Ordnung auf der geographischen Länge von Chiddingstone: 0,16 Grad Ost 283

25. Nord/Süd-Sternenstraße 1. Ordnung auf der geographischen Länge von Middelkerke/St. Idesbald: 2,70 Grad Ost 287

26. Nord/Süd-Sternenstraße 1. Ordnung auf der geographischen Länge von St. Niklaas/Belsele: 4,1 Grad Ost 289

27. Nord/Süd-Sternenstraße 1. Ordnung auf der geographischen Länge von St. Odilienberg: 6,0 Grad Ost 294

28. Nord/Süd-Sternenstraße 1. Ordnung auf der geographischen Länge von Wormbach: 8,25 Grad Ost 296

29. Nord/Süd-Sternenstraße 1. Ordnung auf der geographischen Länge von Eschwege: 10,0 Grad Ost 301

30. Nord/Süd-Sternenstraße 1. Ordnung auf der geographischen Länge von Naumburg: 11,81 Grad Ost 303

31. Stonehenge 305

32. Analyse der Graphik: Verteilung der Orte und Grabstätten/Tumuli im Umfeld von Stonehenge mittels Sternenstraßen 2. Ordnung 318

33. Vermessung von Jakobuspilgerstäben in Graphiken oder Fotografien von zeitgenössischen Skulpturen und Gemälden 321

34. Rekonstruktion einer Alpenüberquerung im Megalithikum von West nach Ost mittels des Stonehenge/Wormbach-Systems auf der West/Ost-Sternenstraße 1. Ordnung 45,60 Grad Nord 328

Literatur 344

Es ist mir ein besonderes Anliegen, meiner Co-Autorin Isolde Wiethoff, Arnsberg, für die unermüdliche kreative Begleitung der vorliegenden Studie und der endgültigen Umsetzung in die Buchform zu danken.

Margret Adam, Olpe, sei besonders für ihre in die Frühgeschichte des Untersuchungsbereiches hineinführenden speziellen Hinweise gedankt.

Rolf Bresser, Borken, gilt mein Dank für die geduldige Beratung und Unterstützung in allen Fragen, die auf der Computerebene im Laufe der jahrelangen rechnergestützten Bearbeitung dieser Studie entstanden.

Dr. Herbert Weise, Bad Krozingen, gebührt Dank für seine kritischen und aufbauenden Lesungen mancher physikalisch/mathematischer Entwürfe zu dieser Studie.

Gabriele Wiethoff, Arnsberg, vermittelte mir in der Schlußphase einen wichtigen unterstützenden Hinweis aus der Steinerschen Welt der karmischen Zusammenhänge.

Darüber hinaus sage ich zahlreichen Freunden der vorliegenden Studie meinen herzlichen Dank für ihren Rat und ihre praktische Hilfe.

Vorwort

Der frühgeschichtliche Kultraum Wormbach, Deutschland, liegt auf einer exakt Ost/West verlaufenden Linie, d.h. der gleichen geographischen Breite wie Stonehenge in England. Diese Beziehung, die ich 1988 fand, führte zu dem bislang unbekannten, West- und Mitteleuropa überdeckenden, megalithischen Kultnetz, einem metrologischen und geographischen Netz, dem Stonehenge/Wormbach-System. West/Ost- und Nord/Süd-Kultlinien verbanden bereits in megalithischer Zeit (4000–1500 v. Chr.) die damaligen überregionalen Kultstätten im megalithischen West- und Mitteleuropa. Diese megalithischen Kultstätten lassen sich noch heute als bedeutende christliche Zentren in Orten mit einer überregionalen Marien- oder Michael-Verehrung, Bischofssitzen und in der Weiterentwicklung bis hin zu den heutigen Großstädten wiederfinden. Die heutige Ordnung West- und Mitteleuropas gründet sich auf diese megalithischen Vordenker.

Die gradlinig verlaufenden West/Ost- und Nord/Süd-Linien, Linien die den heutigen geographischen Breiten- beziehungsweise Längengraden entsprechend verlaufen und so die alten Kultstätten miteinander vernetzen, bezeichne ich in Anlehnung an die von H. Dontenville in seiner »La Mythologie française« aufgezeigten Kultbeziehung zwischen dem Mont Sainte-Odile zum Pays de Léon und dem von L. Charpentier (1979) auch auf Pilgerstraßen übertragenen Begriff der »Sternenstraßen«, jetzt aber in der entdeckten übergreifenden Netzstruktur, als Kultlinien oder Sternenstraßen 1. und 2. Ordnung. Diese Sternenstraßen können daher auch als megalithische Pilgerstraßen bezeichnet werden. Der Begriff Pilger leitet sich von lateinisch »peregrinus«, das bedeutet »der Fremde, der von Ort zu Ort zieht«, ab.

Im christlichen Sinne ist dieser Fremde, der Pilger, eine Person, die mit einem religiösen Ziel durch das Land zieht. Die geistigen Lenker und Lehrer in megalithischer Zeit reisten, d.h. wanderten ebenfalls durch die Lande und vermittelten den angetroffenen Völkern, Sippen oder Familien ein ihnen angemessenes Wissen für ihre weitere geistige und praktische Entwicklung.

Setzt man in die aus grauer Vorzeit gewachsene Figur der Pilger die »christlich-religiösen Ziele« des überlieferten mittelalterlichen Pilgers mit den »kultisch-kulturellen Zielen« der megalithischen »geistigen Lenker und Lehrer« einander gleich – sogar bis auf die gleichen geistigen Zielorte ausgerichtet, auf die gleichen »Heiligen Orte« bezogen –, dann ergibt sich ein faktisch lückenloser Brückenschlag der pilgernden Weisen/Druiden aus dem Megalithikum zu den diese Tradition noch fortsetzenden christlichen Pilgern des ausgehenden Mittelalters bis in die heutige Zeit.

Dieser lückenlose Brückenschlag einer sich über Jahrtausende fortschreibenden Pilgerschaft ist aus der im folgenden immer wieder sichtbaren Kultstättenkontinuität eindeutig zu erkennen.

Die aufgedeckten Sternenstraßen oder Kultlinien 1. Ordnung, die den heutigen geographischen Breiten- beziehungsweise Längengraden entsprechend in West/Ost- beziehungsweise Nord/Süd-Richtung verlaufen, interpretiere ich metrologisch und mathematisch/geodätisch, und ich erweitere sie durch die Hinzufügung von Nord/Süd-Sternenstraßen 1. Ordnung, die den heutigen geographischen Längengraden entsprechen, zu dem megalithischen Kult-, Maß-, Ordnungs- und Orientierungsnetz für West- und Mitteleuropa, dem Stonehenge/Wormbach-

Sternenstraßen der Vorzeit

System. Sternenstraßen 2. Ordnung (s. GLV[1], S. 176 ff.) vernetzten dann feinstrukturell die Sternenstraßen 1. Ordnung.

Aufgrund dieser entdeckten Beziehungen war es naheliegend, die Frage zu stellen, wie die Megalithiker in grauer Vorzeit die für damalige Zeiten riesigen Strecken metrologisch überbrückten und wie sie sie in ihrer Dimension erfassen konnten.

Zu bedenken ist hierbei, daß die uns heute für eine solche Aufgabe zur Verfügung stehenden, einfachsten Meßgeräte zur damaligen Zeit nicht vorhanden waren. Folglich müssen die Megalithiker uns noch unbekannte Verfahren genutzt haben. Um so bewundernswerter sind die hier aus dem Dunkel der Vergangenheit herausgearbeiteten, schon erreichten metrologischen Leistungen. Wer das Schlagwort »Wie in der Steinzeit« vor dem Hintergrund der folgenden Ergebnisse und der neuesten archäologischen Erkenntnisse heute noch verwendet, der ist sicherlich unzureichend über die Megalithiker und ihre Zeit informiert!

Die zahlreichen in Europa noch auffindbaren megalithischen Bauwerke sind folglich bereits metrologisch und astronomisch geplant und unter strikter Einhaltung dieser »kultischen Planungsvorgaben« errichtet worden.

A. Thom und R. Müller haben durch ihre Vermessungsarbeiten an Hunderten von bedeutenden megalithischen europäischen Großbauwerken ein megalithisches Einheitsmaß – die megalithische Elle – abgeleitet, mit der die Priestermetrologen und -astronomen vor Tausenden von Jahren diese Bauwerke maßlich gestaltet haben. Mit hiervon abgeleiteten und weiter ausgebauten Maßlinien überzogen sie West- und Mitteleuropa. Mittels dieser Maßlinien konnten sie sich über Distanzen von tausend und mehr Kilometern orientieren. Ich werde daher im

---

[1] Heinz Kaminski: Die Götter des Landes Vestfalen. Der Wormbacher Tierkreis – Schlüssel zur keltisch-germanischen Kultstätte. Grobbel Verlag, Fredeburg 1988. Dieser Titel wird auch im folgenden mit GLV abgekürzt.

Vorwort

folgenden beweisen, daß sich die heutige Ordnung West- und Mitteleuropas, die heutigen Bevölkerungsschwerpunkte, Großstädte und Straßen aus diesem megalithischen Netzwerk, dem Sternenstraßen-System 1. und 2. Ordnung, dem Stonehenge/Wormbach-System der megalithischen Vordenker, zwingend ergeben. Hieraus leitet sich eine weitere Aussage ab: Kultstättenkontinuität ist Ordnungskontinuität!

Das sich langsam daraus entwickelnde politische Gesamteuropa besaß in diesen hier aufgedeckten Beziehungen schon einen realisierten, geistig übergreifenden Vorlauf für ein funktionierendes europäisches Ordnungssystem. Auf diesen Sternenstraßen zogen bereits vor Tausenden von Jahren die lenkenden und gestaltenden Weisen, die megalithischen Weisen, durch diese Weiten, die wir heute Europa nennen. Kamen diese Weisen aus dem untergegangenen Atlantis? Der Autor sieht zwingende Gründe zu dieser Annahme vorliegen.

Sicherlich machten sie nicht halt an den heutigen Grenzen Europas, sondern gelangten bereits mit dem Kulturraum des Zweistromlandes in einen gegenseitig förderlichen geistigen und materiellen Kontakt. Diese Erkenntnis leitet sich aus den vergleichenden Beurteilungen der megalithischen Elle, der altspanisch/iberischen Vara und der fast fünf Jahrtausende alten mesopotamischen Nippur- und Gudea-Elle ab.

Diese Druiden und Weisen waren Pilger und gleichzeitig Leitpersonen für die Völker, die sie auf ihren Wegen antrafen. Von diesen im heutigen Sinne pilgernden Weisen wurden die Völker zu weiteren Entwicklungsschritten angeleitet. Sie müssen sich einer hohen Achtung erfreut haben, denn Reisen über derartig extreme Entfernungen, von der europäischen Atlantikküste bis nach Mesopotamien, ließen sich nur unter ganz bestimmten Vorgaben wie Orientierungshilfen, Unterkunft, Verpflegung usw. durchführen. Vielleicht wurden aber auch die Erkenntnisse dieser Weisen in einem geistigen Staffellauf von Volk zu Volk weitergereicht? In jedem Falle muß aber eine bewußte Bereitschaft vorhanden gewesen sein, sich in einer dieser Staffelketten einzufügen. Oder hatten die Weisen, die Wissenden, die Eingeweihten untereinander ein mentales kommunikatives Netz geknüpft, das es erlaubte, sich untereinander fast blind zu erkennen und sich einander anzuvertrauen, d.h. sich zu offenbaren? Bewohnten diese Pilger, die Weisen und Eingeweihten die kultisch besonders bedeutenden Kreuzungspunkte wie den Voudemont, den Wodansberg in Lothringen, in dem west- und mitteleuropäischen Kult- und Orientierungsnetz, welches ich jetzt aufgedeckt habe? Diese West/Ost oder Nord/Süd orientierten Sternenstraßen 1. Ordnung und die diese untereinander überbrückenden und somit vernetzenden Sternenstraßen 2. Ordnung waren heilige Wege und Straßen, auf denen sich diese pilgernden Weisen ohne Gefahr für Leib und Leben bewegten.

Die damals schon bedeutenden Kreuzungspunkte, Kultzentren, Ansiedlungen und Orte auf den West/Ost- und Nord/Süd-Sternenstraßen 1. Ordnung in dem sich entwickelnden west- und mitteleuropäischen Kult- und Orientierungsnetz wurden durch die Kultstättenkontinuität überliefert. Diese Kreuzungspunkte waren Kultorte von hohem Rang und sind dies bis in die heutige Zeit geblieben. Ur-Pfarreien, karolingische Kapellen, frühromanische Basiliken, frühgotische Kathedralen kennzeichnen das Fortbestehen und die Fortbedeutung dieser megalithisch begründeten »Orte der Kraft« bis in die heutige Zeit (s. GLV, S. 197 ff.).

Der Wanderstab der pilgernden Weisen war zugleich ein Meßstab, ein Maßstab und ein Erkennungsstab! Der Pilgerstab der christlichen Jakobuspilger nach Santiago de Compostella sollte in diesem Zusammenhang als eine weitergereichte megalithische Kulttradition Beachtung finden, wenn er auch im Mittelalter nicht mehr ein durch die Lande getragener Einheitsmaßstab war.

Vorwort

In allen Darstellungen der Jakobuspilger zeigt nämlich deren Wander- oder Pilgerstab eine auffallende Konstanz in der Länge und der Ausbildung des oberen Stabendes. Vermutlich steckt in dieser Ausbildung des Pilgerstabes ebenfalls eine überlieferte Form. Es ist sicher, daß schon zeitlich weit vor den späteren und heutigen christlichen Pilgerreisen zum Grab des Apostels Jakobus d. Älteren die geistigen Führer und Weisen der megalithischen Völker Mittel- und Westeuropas zu diesem bedeutenden Kultort im Nordwesten der Iberischen Halbinsel zogen, den wir heute Santiago de Compostella[2] nennen. Auf den Sternenstraßen zu dem Sternenfeld – campus stellae – zu dem Ort, den wir heute folglich mit Recht Santiago de Campus stellae, das Sternenfeld, nennen.

Um keinen auch noch so kleinen Fingerzeig aus vergangenen Zeiten zu übersehen, habe ich daher aus zeitgenössischen Bildern und Skulpturen von Jakobuspilgern die Gesamtlänge des Stabes und die proportionale Gestaltung des oberen Stabendes mittels der dort so auffallenden Knaufkugeln im Verhältnis zu der Größe des dargestellten Pilgers untersucht.

Auffallend ist die erkennbare Konstanz der Pilgerstablänge im Verhältnis zu der dargestellten Größe des Pilgers. Weiterhin läßt sich eine Konstanz des Abstandes der Kugeln am oberen Stabende zur Gesamtlänge erkennen! Offensichtlich hat die Kultkontinuität auch hier für eine konstante Überlieferung bis zur Länge der Pilgerstäbe beigetragen.

Handel ist nämlich auch schon in damaliger Zeit getrieben worden, und ohne ein einheitliches Maß wurde dies mehr als schwierig. Ich neige daher zu der begründeten Feststellung, daß

---

[2] Infolge der Christianisierung wird der Name der spanischen Stadt Santiago de Compostela heute nur noch mit einem »l« geschrieben. Zur Verdeutlichung der Ableitung des Ortsnamens von Campus stellae (Sternenfeld) wird jedoch im gesamten Text die Schreibweise Santiago de Compostella beibehalten.

diese Weisen in ihrem Wanderstab auch die Kopie der Ur-Elle als Maßstab durch die Lande trugen. Die megalithische mesopotamische Nippur-Elle als Wanderstab, als heiliger Stab, gab das Grundmaß vor und reichte es weiter.

Die im Teil II aus dem Kapitel Längenmaßvergleiche erkennbare Verwandschaft der mesopotamischen und der europäischen Längenmaße muß hierin ihren Grund haben! Diese Weisen und Wissenden waren in ihren Erkenntnissen den damaligen Völkern um Äonen voraus. Mit tiefer Ehrfurcht handhabten sie ihr Wissen als helfende, geistige Führer und Lenker der megalithischen Völker. Rudolf Steiner wies in seinen Karmavorträgen (1924) auf den Ort Tintagel an der englischen Westküste als Sitz des Königs Artus und seiner zwölf Ritter hin. Diese Ritter haben von dort aus den geistigen Weg nach Osten, nach Europa beschritten. Tintagel liegt auf einer Nord/Süd-Sternenstraße 1. Ordnung! Diese Weisen, die Artusritter, legten somit auch die Basis für unser heutiges geistiges, soziales und räumlich geordnetes Sein!

Die Jakobuspilger, die im frühen und späten Mittelalter nach Santiago de Compostella pilgerten, waren somit die unbewußt nachahmenden Nachfahren der megalithischen Druiden und weisen Lenker der megalithischen Völker.

Auch heute pilgern Christen nach Santiago de Compostella, praktisch auf den gleichen oder ähnlichen Wegen, die die Megalithiker oder bereits Menschen zuvor gepfadet haben, zu diesem »Ort der Kraft«, den wir Santiago de Compostella nennen. Stonehenge – Wormbach, Wormbach – Stonehenge, im ersten Ansatz (s. GLV, S. 237/238) nur eine unerwartet erkannte exakte West/Ost- oder Ost/West-Verbindungslinie zwischen zwei bedeutenden Kultorten, ergab den Schlüssel zur Erschließung dieses west- und mitteleuropäischen megalithischen Kult- und Orientierungsnetzes. In meinem Buch »Die Götter des Landes Vestfalen« habe ich 1988 meine ersten Untersuchungen

Vorwort

nur als Einstieg in die Vielzahl von Fragen und möglichen Antworten zu dem Themenkreis der kultischen Vorgeschichte und die Einbindung des frühgeschichtlichen Wormbachs in ein übergreifendes frühgeschichtliches west- und mitteleuropäisches Kult- und Kulturnetz aufgezeigt (s. GLV, S. 237/238).

Die 1956/1957 erfolgte Entdeckung, Freilegung und Restaurierung eines vollständigen, mit gezielter astronomischer Positionierung und einer kulthistorischen Aussage von seinen geistigen Vätern, den Benediktinern aus Köln, um 1200 unübersehbar in das Gewölbe der Pfarrkirche St. Peter und Paul in Wormbach eingebrachten heidnischen Tierkreises (s. GLV, S. 93 ff.) lüftete einen Zipfel des die Vergangenheit bedeckenden Schleiers. Mit jedem weiteren Anheben des Schleiers erfolgt eine weitere Aufhellung der Vergangenheit. Hieraus entstanden wahre Berge von weiterführenden Überlegungen und Fragestellungen mit der fast unabweisbaren Aufforderung, auf dem einmal eingeschlagenen Weg zu versuchen, in diese verschleierte, gezielt zerstörte und entstellt überlieferte Vergangenheit des west-, nord- und mitteleuropäischen Kult- und Kulturraumes tiefer einzudringen. Ein Schlüssel war also gefunden, das Führungsseil an dem erst 1956/1957 entdeckten Wormbacher Tierkreis und damit an dem uralten Kultzentrum Wormbach festgemacht. Jetzt konnte der Einstieg in die Vergangenheit wie in eine noch unbekannte Höhle beginnen. Zusätzlich ermutigt wurde ich durch Zuschriften von interessierten Lesern, die mich mit Hinweisen, Anregungen und Ergänzungen aufforderten, diesem eingeschlagenen Wege weiter zu folgen. Überraschende Freilegungen in der Ur-Pfarrkirche von bislang unbekannten Ausmalungen an den Pfeilern und Wänden im Verlauf von Reinigungsarbeiten im Jahre 1989 haben dann noch zusätzlich motiviert. Christliche Missionare haben die Kultreste und die ihnen noch direkt aus dem fest verankerten germanisch-sächsischen Volkstum entgegentretenden Überlieferungen dadurch für die Nachwelt erhalten. Diesem Verhalten stand die päpstliche Anordnung zur Seite, das angetroffene heidnische Kultgut »christlich« weiterzuverwenden. Diese päpstliche Anordnung ist bei einer Vielzahl west- und mitteleuropäischer früher Kultstätten, so auch in Wormbach, beachtet worden und hat sich als segensreich für die Erhaltung des angetroffenen Kultgutes erwiesen. Mittels der Symbolsprache der Kunst sicherten und überlieferten Benediktiner aus Köln dokumentarisch im Gewölbe der Pfarrkirche in Wormbach mit dem heidnischen Tierkreis und der thematisch zugehörigen christlichen Auferstehungs-Ausmalung in der Apsis das Wissen um das angetroffene heidnische Kultgut (s. GLV, S. 105 ff.).

Diese während der Christianisierung um 750 n. Chr. für die Missionare noch direkt erkennbaren Kultreste – zum Beispiel des indogermanisch-keltisch-germanischen Drei-Frauen-Kultes – ließen die Bedeutung dieses Kultraumes Wormbach zu dieser Zeit noch wesentlich deutlicher als heute erkennen und nachempfinden.

Die missionierenden Mönche aus Irland dokumentierten zusätzlich die Bedeutung des angetroffenen keltisch-germanischen Kultraumes und dessen tiefer Verankerung im Volkstum der germanischen Sachsen durch die Qualitätsanhebung Wormbachs in den kirchlichen Status einer Ur-Pfarrei.

Die irischen Missionare errichteten um 750/800 n. Chr. im direkten Umfeld der angetroffenen keltisch-germanischen Kult- und Bestattungsstätte eine karolingische Kapelle, die Ur-Pfarrei, und um 1200 erbauten Benediktiner aus Köln auf diesen karolingischen Kapellenfundamenten die heutige Pfarrkirche mit einer auch im europäischen Niveauvergleich einmaligen und aussagekräftigen kultischen und künstlerischen Innenausgestaltung. Eine überzeugend gestaltete, sakrale Gewichtigkeit für die bekehrten Sachsen, aber auch für die eigene religiöse Empfindung.

Vorwort

Unter Berücksichtigung der 1989 zufällig entdeckten, d. h. praktisch sich selbst aufdeckenden weiteren Ausmalungen der Pfeiler, der Wände und des Gewölbejochs über dem Altar zeichnet sich jetzt umfassender dieses einstmalig grandiose sakrale Gesamtbild des früheren Zustandes des Innenraumes der Ur-Pfarrkirche in seiner erhabenen Ganzheit und in seiner erhebenden spirituellen Dimension ab. Hierdurch wird die kultische Bedeutung, der Rang Wormbachs im Kreise der bedeutenden frühen europäischen christlichen Kultstätten unübersehbar dokumentiert (s. GLV, S. 128 ff.).

Die Beweise einer Einbindung Wormbachs in das entdeckte megalithische Kultnetz, dem Stonehenge/Wormbach-System, und die damit verbundene Bedeutung konnte somit erweitert werden. Hierzu gehören auch die neuen Ausdeutungen der Gewölbeschlußsteine im West- und Mitteljoch des Wormbacher Kirchengewölbes von Christian Oeyen und mir (1990).

Ich sehe in der gekrönten Person mit der Lanze im Gewölbeschlußstein des Westjochs den Erzengel Michael. Christian Oeyen dagegen definiert diese Person als einen der deutschen Kaiser, Heinrich II. oder Heinrich III. Der Gewölbeschlußstein im Mitteljoch stellt nach Oeyen den geistigen Vater der Umschriften der Tierkreiszeichen (s. GLV, S. 90, 91), nämlich den Heiligen und bedeutendsten Naturwissenschaftler seiner Zeit, Beda (672-735), dar. Diese auf Beda bezogene Oeyen-Interpretation teile auch ich.

Abschließend ist zu Wormbach festzustellen, daß es ein kulturhistorisch unverzeihlicher Frevel wäre, wenn diese neuen Freilegungen und weiterführenden Erkenntnisse jetzt nicht endlich die EU, das NRW-Kultusministerium und die Landesdenkmalbehörde in Münster auf den Plan riefen, um mittels einer umfassenden Restaurierung die Wiederherstellung dieses einzigartigen europäischen kult- und kulturgeschichtlichen religiösen Kleinods in Wormbach zu veranlassen.

Zum Schluß möchte ich eine Feststellung in eigener Sache anschließen. Das Buch soll dem Leser auch die enormen Schwierigkeiten aufzeigen, die sich der Findung vorliegender Aussagen und Ergebnisse entgegenstellten. Manche Wiederholung in den einzelnen Abschnitten erfolgte zwangsläufig, um bedeutende Schritte, die zu einer Vielzahl hier vorgestellter unerwarteter Erkenntnisse führten, von verschiedenen Seiten zu untersuchen und nachvollziehbar zu machen. Spezielle weiterführende Erläuterungen, Tabellen und Graphiken sind im Anhang zusammengefaßt. Sie können beim ersten Lesen überschlagen werden, für das weitere Hineinfinden sind sie aber unerläßlich.

Die hieraus begreifbar werdenden Mühen mögen den geneigten Leser ebenfalls anregen, sich selbständig in die nun etwas entschleierte ferne Vergangenheit hineinzuarbeiten. Darüber hinaus ist das Buch als ein Reise-Begleitbuch für längere Zeiten gedacht. Ich biete Ihnen ein »kriminalistisches« Geschichtspuzzle mit den ermittelten Tätern und ihren nun aufgedeckten Taten an.

TEIL I:
MEGALITHISCHES KULT- UND ORIENTIERUNGSNETZ

1. Kapitel

Megalithische Sternenstrassen
1. und 2. Ordnung
in West- und Mitteleuropa

Als Kult- oder Sternenstraßen 1. Ordnung werden West/Ost- und Nord/Süd-Visurlinien im Verlauf der geographischen Breiten- und Längengrade bezeichnet, die sich durch eine signifikante Zuordnung beziehungsweise Konzentration von frühgeschichtlichen oder folgenden frühchristlichen Kultstätten auf oder an diesen Strecken des geographischen Breitengrades beziehungsweise Längengrades auffallend abheben.

Astronomische und himmelskundlich orientierte Beobachtungserfahrungen aus der Bestimmung des Frühlings- beziehungsweise Herbstanfangs oder der Jahreslänge sind bei einer Standortveränderung des Beobachters auf diesen Linien, die sich den geographischen Breitengraden, der West/Ost-Sternenstraße 1. Ordnung, anpassen, ohne Transformationen, d.h. praktisch gleichwertig zu verwenden (s. GLV, S. 217).

Im Gegensatz zu den Kult- oder Sternenstraßen 1. Ordnung sind die Kult- oder Sternenstraßen 2. Ordnung die Visurlinien zu den hauptsächlichen Auf- und Untergangspunkten der Sonne, des Mondes, der Planeten und der hellsten Fixsterne während des Jahresablaufes, die von einem bestimmten Beobachtungszentrum (BZ) ausgehen.

Diese Sternenstraßen 2. Ordnung erfüllen nachstehende wichtige Bedingungen:

a) Das Beobachtungszentrum (BZ) liegt auf einer Sternenstraße 1. Ordnung. Das BZ wurde zu einem bedeutenden Kultzentrum (KZ).

Megalithisches Kult- und Orientierungsnetz

Die Ausrichung der Sternenstraßen 2. Ordnung wird durch die Richtungen der Hauptvisuren zum Horizont bestimmt.

Die Hauptvisuren im Jahresablauf für Sonne und Mond gestatten, die Position des BZ/KZ auf der Sternenstraße zu bestimmen.

Das KZ bestimmt die Hauptvisuren zu den Sternenstraßen 2. Ordnung.

b) Das KZ bestimmt die Gestaltung/Gliederung des Siedlungsumfeldes des KZ mittels des Verlaufes der Hauptvisuren, den Sternenstraßen 2. Ordnung.

c) Das BZ beziehungsweise das KZ bestimmt die Orientierungsvernetzung, zum Beispiel die Ausrichtung von Straßen zwischen den Sternenstraßen 1. Ordnung.

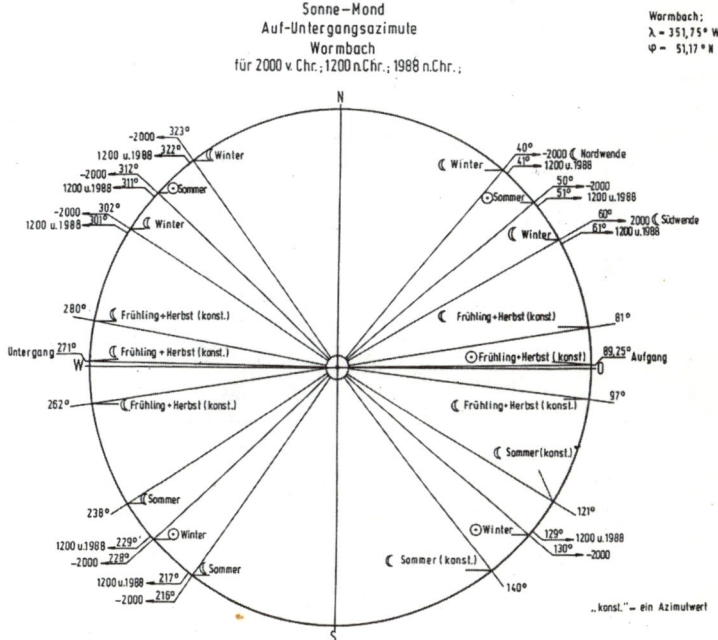

Sonne und Mond – Visurlinien, Sternenstraßen 2. Ordnung
Das Beobachtungszentrum ist Wormbach

Sternenstraßen der Vorzeit

Die Hauptvisuren werden am Horizont an markanten Horizontdetails fixiert. Derartige Visurlinien wurden in vorgeschichtlicher Zeit nachweislich ebenfalls zu Kultlinien und dadurch zu Ordnungslinien für die Anordnung der Besiedelung und einer zugehörigen verkehrsmäßigen Erschließung des Umfeldes des Kult-Beobachtungszentrums (s. GLV, S. 176 ff.).

*Beginn der vier West/Ost-Sternenstraßen 1. Ordnung
an der europäischen Atlantik-Küste*

Megalithisches Kult- und Orientierungsnetz

Das Beobachtungszentrum wird zum Kultzentrum. Kult- oder Sternenstraßen 1. und 2. Ordnung schneiden sich im Mittelpunkt des Beobachtungs- bzw. Kultzentrum (s. GVL, S. 183).

Die Untersuchung umfaßt West- und Mitteleuropa. Die östliche Begrenzung wurde auf zirka 15 Grad östlicher Länge angesetzt. Die Auswahl dieses Teils des west- und mitteleuropäischen Kult-Kulturbereiches zwischen dem 42. und dem 52. nördlichen Breitengrad ist bestimmt durch den überlieferten Verlauf uralter Pilgerstraßen nach Santiago de Compostela im Nordwesten Spaniens längs des 42,9. Breitengrades sowie im Norden durch den Stonehenge/Südengland und Wormbach/Deutschland verbindenden 51,2. Breitengrad (s. GLV, S. 217 und Teil II des vorliegenden Buches).

In Bautzen, auf der Breite 51,14° Nord, wird heute noch die »Via Regia« überliefert, die »Hohe«, die »Königliche Straße«, die über Leipzig, Meißen, Bautzen, Görlitz bis nach Breslau führte und den Westen mit dem Osten Europas verbunden hat.

Der vorgenannte Bereich zwischen dem 42. und 52. Grad nördlicher Breite wurde durch zwei West/Ost-Sternenstraßen 1. Ordnung unterteilt, die jeweils einen Nord/Süd-Abstand von 2,766 Grad besitzen. Diese Unterteilung erfolgte nicht etwa willkürlich, sondern ergab sich aus einer vorausgehenden Positionsüberprüfung bekannter vorgeschichtlicher oder früher christlicher Kultorte und ihrer signifikanten Konzentration auf oder an sich dadurch besonders heraushebenden Breitengraden.

Geographische Breite Stonehenge – Wormbach = 51,177° Nord
Geographische Breite Santiago de Compostela = 42,88° Nord
<u>Geographische Breiten-Differenz   = 8,297°</u>
$\frac{8,297°}{3} = 2,766°$

Der geographische Längenabstand der West/Ost-Sternenstraße 1. Ordnung zu der nächstfolgenden West/Ost-Sternenstraße 1. Ordnung beträgt demnach 2,766°.

Daß auch in anderen Kulturkreisen die Beobachtung von astronomischen Ereignissen, die nur auf einer bestimmten geographischen Breite auftreten können, bereits bekannt war, ergibt sich zum Beispiel aus einem Sachverhalt, der aus der Maya-Astronomie überliefert ist. Bei Copán in Honduras wurde ein astronomisches Maya-Bauwerk entdeckt, an dem die Mittagssonne an 260 Tagen südlich des Zenits und an den restlichen 105 Tagen des Jahres nördlich des Zenits vorbeiläuft. Das kultische Maya-Jahr umfaßte einen Zeitraum von 260 Tagen. Man kann hieraus folgern, daß die Maya-Priesterastronomen den Standort für dieses astronomische Bauwerk bewußt auf dieser geographischen Breite auswählten, um das rituelle Maya-Jahr mit 260 Tagen und die ihnen offensichtlich bereits bekannte Jahreslänge von 365 Tagen durch diese von uns heute als einfach bezeichnete Beobachtungstechnik zu dokumentieren.

Nach eingehender Überprüfung des west- und mitteleuropäischen Kult-Kulturraumes nach vorgenannten Gesichtspunkten ergeben sich die West/Ost-Sternenstraßen 1. Ordnung zwischen dem geographischen Breitengrad von Stonehenge–Wormbach und dem Breitengrad, auf dem Santiago de Compostella liegt:

$$51{,}177° \text{ minus } 2{,}766° = 48{,}411°$$
$$48{,}411° \text{ minus } 2{,}766° = 45{,}645°$$
$$45{,}645° \text{ minus } 2{,}766° = 42{,}879°$$

Diese vier west- und mitteleuropäischen West/Ost-Sternenstraßen 1. Ordnung befinden sich folglich auf:

51,177° nördlicher Breite
48,411° nördlicher Breite
45,645° nördlicher Breite
42,879° nördlicher Breite.

Megalithisches Kult- und Orientierungsnetz

Durch diese empirische Aufteilung des Abstandes zwischen dem Breitengrad für Stonehenge-Wormbach und Santiago de Compostella ergeben sich die vier vorgenannten West/Ost-Sternenstraßen 1. Ordnung.

Dieses sich entwickelnde Netzwerk, von fixierten West/Ost-Linien ausgehend, wurde hiermit in megalithischer Zeit über West- und Mitteleuropa konzipiert. Erste Fixpunkte in diesem angestrebten Netzwerk waren Stonehenge, Wormbach, Santiago de Compostella, Puente la Reina, Avallon, Vézelay, Worms und andere auch heute noch bedeutende Orte. Der west- und mitteleuropäische Raum wird so von West/Ost-Linien überzogen, die den Anfang eines megalithischen Orientierungsnetzes, des Stonehenge/Wormbach-Systems, für die damaligen »Reisenden«, die megalithischen Pilger, abgaben.

Es ist sicher, daß auch schon in megalithischer Zeit einige Wenige Reisen in West- und Mitteleuropa und sogar darüber hinaus nach Osten unternahmen.

Zusätzlich weist der Beginn der vier West/Ost-Sternenstraßen 1. Ordnung, nämlich:

42,88° N Cabo Finisterre/Noya-Hafen,
45,60° N Gironde-Mündung,
48,41° N Cap Finistère, Bretagne,
51,88° N Lundy-Insel, Bristolkanal,

auf einen möglichen Bezug zum Atlantik hin! Sind die Weisen, die Wissenden, die Vordenker, die Lenker der Völker in grauer Vorzeit von Westen über das Meer nach Westeuropa gekommen? Fanden diese Weisen von dem für uns heute noch sagenhaften Atlantis aus mit ihren Schiffen den Weg nach Westeuropa? Ist das jetzt aufgedeckte Stonehenge/Wormbach-System ein Produkt, ein geistiges Überbleibsel des untergegangenen Kontinentes Atlantis?

Sternenstraßen der Vorzeit

Viele Fragen an die notwendigen geistigen sowie materiellen Fähigkeiten und Möglichkeiten der europäischen Megalithiker ließen sich dann einfacher beantworten.

Ich bin nach diesen eingehenden Studien, die zu der Entdeckung des Stonehenge/Wormbach-Systems führten, der Ansicht, daß sich selbst eine im Moment sehr vage Fragestellung nicht verbieten dürfte, um unter Umständen in diese fernste Vergangenheit Europas hineinzufinden.

Orientierungshilfen waren wie heute erforderlich, um bestimmte Ziele zu erreichen und dann wieder an den Ausgangsort zurück zu gelangen. Zu einem Netzwerk wird dieses System aber erst dann, wenn sich zu den West/Ost-Linien auch die Nord/Süd-Linien finden lassen.

Diese Nord/Süd-Linien, die Nord/Süd-Sternenstraßen 1. Ordnung, konnten ebenfalls aufgefunden werden. Bekannte frühe Kultstätten, die auf einer der West/Ost-Sternenstraße 1. Ordnung liegen müssen, haben sich später zu bedeutenden Städten entwickelt:

Ortsname	Geographische Breite
Lundy-Insel, England	51,18° Nord
Stonehenge, England	51,18° Nord
Chiddingstone, England	51,19° Nord
Belsele/St. Niklaas, Belgien	51,17° Nord
St. Odilienberg, Niederlande	51,15° Nord
Wormbach, Deutschland	51,17° Nord
Hoher Meißner/Eschwege, Deutschland	51,20° Nord
Naumburg, Deutschland	51,15° Nord

Von diesen Orten ausgehend und der geographischen Länge dieser Orte folgend, werden die Nord/Süd-Linien zu den Nord/Süd-Sternenstraßen 1. Ordnung.

Megalithisches Kult- und Orientierungsnetz

Ausgangsorte der Nord/Süd-Sternenstraßen 1. Ordnung sind:

Ortsname	Geographische Länge
Lundy-Insel, England	4,67° West
Stonehenge, England	1,84° West
Chiddingstone, England	0,16° Ost
Middelkerke, Belgien	2,79° Ost
Belsele/St. Niklaas, Belgien	4,10° Ost
St. Odilienberg, Niederlande	6,00° Ost
Wormbach, Deutschland	8,25° Ost
Hoher Meißner/Eschwege, Deutschland	10,00° Ost
Naumburg, Deutschland	11,81° Ost

Aus diesem aufgedeckten Kult- und Orientierungs-Netzwerk leiten sich zwangsläufig zwei Fragen ab:

1. Benutzten die Megalithiker bereits eine Grundeinheit als Längenmaß und welche Dimension besaß diese Längeneinheit?

2. Haben die Megalithiker die Entfernungen auf den Sternenstraßen 1. Ordnung mit dieser Grundeinheit gemessen und wie führten sie diese Messungen durch?

Diese ersten metrologischen Schritte zur kultischen und orientierungstechnischen Erschließung des west- und mitteleuropäischen Raumes binden folglich auch den frühen Kultort Wormbach ein.

In diesem Zusammenhang erscheint Wormbach ebenfalls als ein Orientierungsort beziehungsweise -punkt in dem großräumigen west- und mitteleuropäischen Kult- und Orientierungsnetzwerk, dem Stonehenge/Wormbach-System.

2. Kapitel

Das Stonehenge/Wormbach-System

Aus den im Teil II angeführten tabellarischen Aufstellungen läßt sich eine signifikante Zuordnung von megalithischen beziehungsweise frühgeschichtlichen Kultorten und sich daraus entwickelnden Kultstätten zu bestimmten Längen- und Breitengraden, d. h. zu West/Ost-Sternenstraßen 1. Ordnung und Nord/Süd-Sternenstraßen 1. Ordnung, als das jetzt aufgedeckte Stonehenge/Wormbach-System erkennen.

Hieraus ergibt sich, daß West- und Mitteleuropa schon in frühgeschichtlicher Zeit von einem Kult- und Orientierungsnetz geordnet gewesen ist, das einerseits den Kultverbindungen der megalithischen Völker diente und andererseits zugleich eine entscheidende und notwendige Orientierungs- und Ordnungshilfe für diesen sich entwickelnden Groß-Siedlungsraum abgab.

Wichtig ist hierbei zu beachten, daß die Motivation zur Realisation dieses Kult- und Orientierungsnetzes erstrangig aus den kultischen Anliegen entstanden ist.

In der heutigen Ordnung des west- und mitteleuropäischen Großraumes, einschließlich der verbindenden Straßensysteme, wurde das megalithische Kult-, Orientierungs- und Ordnungssystem wieder aufgedeckt.

Aus dieser Erkenntnis erwächst ein wesentlich qualifizierteres Geschichtsbewußtsein, als es bislang über die zurückliegende Geschichte des west- und mitteleuropäischen Raumes vorlag. Selbst für die Zeitgenossen, die bewußter mit der Vorgeschichte des europäischen Lebensraumes »umgingen«, ist, wenn die Kultur in ihrer Entwicklung und Bedeutung für Europa zur Darstellung gelangte, fast ausschließlich der Nahe Osten als die Kulturwiege für Europa behandelt und bewertet worden.

Megalithisches Kult- und Orientierungsnetz

Sicherlich sind die schriftlichen Überlieferungen aus der Frühgeschichte des megalithischen Europas sehr dürftig oder überhaupt nicht mehr vorhanden. Römer und Griechen haben aus ihrer unzulänglichen Einsicht heraus die Bewohner des west- und mitteleuropäischen Raumes als Barbaren »gezeichnet«. Bedenken sollte man zusätzlich, daß diese Bereiche Europas für die Bewohner des Mittelmeerraumes an den Grenzen, wenn nicht noch weit hinter den Grenzen, der damals bekannten Welt lagen.

Diese Bewohner Nord- und Westeuropas wurden, wie gesagt, allgemein als Barbaren mit allen dazu gehörenden negativen Attributen bezeichnet. Megalithische Großbauten, nach astronomischen Gesetzen errichtet, megalithische Gräber mit ihrem geistigen Hintergrund wurden nicht erkannt beziehungsweise paßten nicht in das vorgegebene Bewertungsbild.

Die hier jetzt vorgestellten Ergebnisse aus der Vorgeschichte dieses Europas sprechen eine gänzlich andere Sprache.

Die für West- und Mitteleuropa aufgefundenen megalithischen West/Ost- und Nord/Süd-Sternenstraßen 1. Ordnung wurden in eine Mercatorkarte im Maßstab 1 : 2.500.000 übertragen. Die den Sternenstraßen zugeordneten Kultstätten, Kultdenkmäler und Orte beziehungsweise die hieraus entstandenen heutigen Städte sind mit ihrem Namen angeführt.

Sternenstraßen der Vorzeit

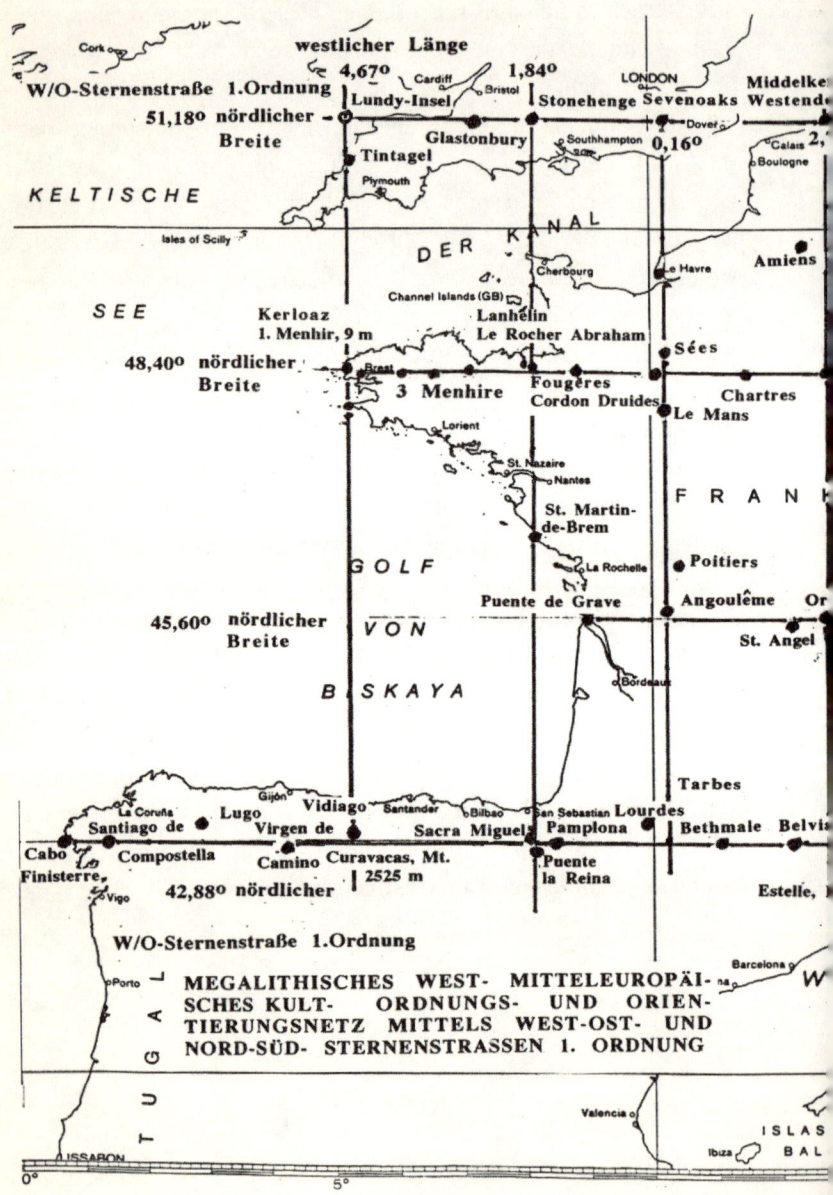

Das Stonehenge/Wormbach-System. Megalithisch[...]

Megalithisches Kult- und Orientierungsnetz

mitteleuropäisches Kult- und Orientierungsnetz

Sternenstraßen der Vorzeit

West/Ost-Sternenstraße 1. Ordnung auf 42,88° nördlicher Breite

NAME

Cabo Finisterre	Puente la Reina
Santiago de Compostella	Pamplona
Lugo	Lourdes
La Virgen de Camino	Bethmale
Vidiago	Belvianes
Curavacas, Mt. 2525 m	Estelle, Pic
Sacra Miguel	

West/Ost-Sternenstraße 1. Ordnung auf 45,60° nördlicher Breite

NAME

Puente de Grave	Mt. St. Jacques
Angoulême	Col St. Bernard
St. Angel	Aosta
Orcival	Santuario d'Oropa
Clermont-Ferrand	Sacro Monte
St. Georges en Couzon	Mailand
Le Puy	Cremona
St-Etienne	Brescia
Lyon	Verona
Challes-les-Eaux, Mt.-St-Michel	Padua

West/Ost-Sternenstraße 1. Ordnung auf 48,40° nördlicher Breite

NAME

Kerloaz, 1. Menhir, 9 m	Camp Celtiques
Huelgoat, 2. Menhir	Ste-Odilie, Mt. 830 m
St. Servais, 3. Menhir, 2	Hundskopf, großer, 95 m
Quintin, Menhir 6,4 m	Blaubeuren
Lanhélin, Le Rocher Abraham	Ulm

Megalithisches Kult- und Orientierungsnetz

Fougères, Cordon Druides
Alençon
Chartres
Fontainebleau
Troyes
Voudemont, Signal de

Augsburg
Freising
Altötting
Schildthurn
Lichtenberg, 926 m

West/Ost-Sternenstraße 1. Ordnung auf 51,18° nördlicher Breite

NAME	
Lundy-Insel	Rheindalen
Glastonbury	Wormbach
Stonehenge	Hoher Meißner
Sevenoaks	Merseburg
Middelkerke / Westende	Görlitz
St. Niklaas	Breslau
Odilienberg, Niederlande	

Nord/Süd-Sternenstraße 1. Ordnung auf 4,67° westlicher Länge

NAME	
Lundy-Insel	Vidiago, megalithisches Monument
Kerloaz, Menhir 9 m	
Brézellec, Pnte de	Mt. Curavacas, 2525 m

Nord/Süd-Sternenstraße 1. Ordnung auf 1,84° westlicher Länge

NAME	
Stonehenge	Santuario Miguel
Lanhélin, Le Rocher Abraham	Puente la Reina
St-Martin-de-Brem, Megalith, Küste	

Sternenstraßen der Vorzeit

Nord/Süd-Sternenstraße 1. Ordnung auf 0,16° östlicher Länge

NAME	
Sevenoaks	Poitiers
Belval, Aiguille de, Küste	Angoulême
Sées	Tarbes
Le Mans	

Nord/Süd-Sternenstraße 1. Ordnung auf 2,79° östlicher Länge

NAME	
Middelkerke/Westende	Fontainebleau
Amiens	Orcival
Armentières	Estelle (ES), Puig de L

Nord/Süd-Sternenstraße 1. Ordnung auf 4,16° östlicher Länge

NAME	
St. Niklaas, Belsele	Le Puy
Reims	St-Loup, Pic
Troyes	Montpellier
Vézelay	

Nord/Süd-Sternenstraße 1. Ordnung auf 6,0° östlicher Länge

NAME	
St. Odilienberg, Niederlande	Besançon
Aachen	Challes-les-Eaux,
Clervaux	Mt.-St-Michel, 895 m
Voudemont	Toulon

Megalithisches Kult- und Orientierungsnetz

Nord/Süd-Sternenstraße 1. Ordnung auf 8,25° östlicher Länge

NAME	
Wormbach	Luzern, Pilatus, 2149 m
Mainz	Varallo-Sesia,
Worms	Sacro Monte
Baden-Baden, Merkur 670 m	Borghetto S. Spirito,
Hundskopf, großer, 950 m	Küste

Nord/Süd-Sternenstraße 1. Ordnung auf 10,0° östlicher Länge

NAME	
Hoher Meißner	Brescia
Würzburg	Cremona
Ulm	La Spezia
Silvrettahorn, 3248 m	

Nord/Süd-Sternenstraße 1. Ordnung auf 11,81° östlicher Länge

NAME	
Merseburg	Wendelstein
Wunsiedel	Cortina d'Ampezzo
Regensburg	Lugo/Bagno-Cavallo

3. Kapitel

Ausrichtung der Hauptstrassenführungen mittels Sternenstrassen 2. Ordnung

Die sich in dem megalithischen Kult- und Orientierungsnetz darstellenden bedeutenden Kultorte, die sich fast ausschließlich zu Siedlungszentren, Orten, Städten und sogar zu Ballungsräumen entwickelten, wurden somit zu den gestaltenden Faktoren der räumlichen und geistigen Entwicklung Europas. Die räumliche Entwicklung betraf die Zugänglichkeit und auch die Versorgung dieser wachsenden Zentren, d.h. es entstand eine Aktivität des kommunizierenden Zusammenlebens, die wir heute allgemein als Verkehr bezeichnen.

Das sich aus dem Netzwerk des Stonehenge-Systems, der Nord/Süd- beziehungsweise West/Ost-Sternenstraßen 1. Ordnung ergebende großräumige Raster erzwang zusätzlich eine feinstrukturelle lokale Aufweitung, ausgehend von einzelnen Kultstätten, Orten und späteren Städten.

Die im engeren Umfeld eines Kultzentrums siedelnden oder sich auf dieses Zentrum hin orientierenden Anwohner bedurften daher entsprechender Vorgaben und somit Richtwerte zur Fixierung ihrer Siedlungsorte und der zugehörigen Wege- und Straßenführungen.

Die Vorgaben erfolgten durch die Priester/Druiden, die das Kultzentrum errichteten und betrieben. Anhand ihrer Beobachtungen der Sonne und des Mondes im Jahresablauf gaben sie den Siedelnden zur Gestaltung ihrer kultischen Handlungen, die Richt- und Orientierungswerte zur Anlage der Verbindungswege und späteren Straßenführungen vor.

Megalithisches Kult- und Orientierungsnetz

Diese Visurlinien für die Auf- und Untergangsbereiche von Sonne und Mond zu den wichtigen, den Jahresablauf kennzeichnenden Horizontfixpunkten, die zur Bestimmung der Jahreszeiten und der Jahreslänge dienten, ergaben die entsprechenden Vorgaben zur Ausrichtung des Siedlungsumfeldes bis hin zu den Wege- und Straßenführungen in bezug auf das jeweilige Kultzentrum und das Siedlungszentrum.

Diese Hauptvisurlinien für Sonne und Mond im Jahresablauf, ausgehend von einem fixierten Kult-/Beobachtungszentrum, werden als Sternenstraßen 2. Ordnung bezeichnet. Die Sternenstraße 2. Ordnung ist Visurlinie, Kultlinie und Ordnungslinie.

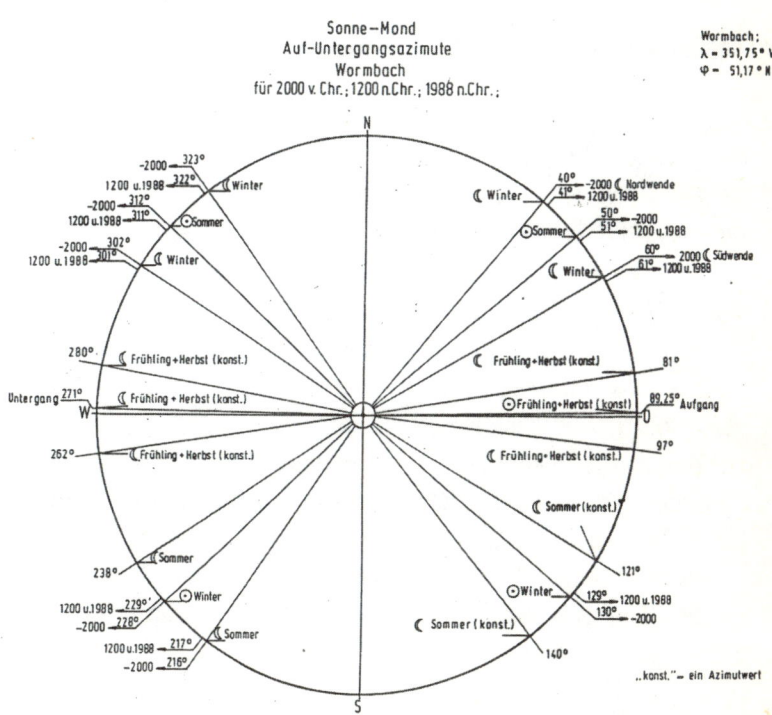

Hauptvisuren für Sonne und Mond im Jahresablauf

Einige nachstehende Beispiele der Straßenführung lassen trotz der verstrichenen Zeiträume noch heute dieses feinstrukturelle Ordnungsprinzip mittels der Sternenstraßen 2. Ordnung im west- und mitteleuropäischen Bereich erkennen.

An Straßenführungen ist, ausgehend von frühgeschichtlichen Kultstätten und heutigen bedeutenden, europäischen, christlichen Zentren, die erste Ausrichtung der damaligen Straßenführungen gemäß der Sternenstraßen 2. Ordnung noch heute eindeutig zu erkennen. Details dieses Ordnungsprinzips wurden, durch die Topographie bedingt, leicht in der Ausrichtung verändert. Dieses einstige Ordnungsprinzip läßt sich folglich immer noch, selbst nach Jahrtausenden, erkennen.

Angoulême, Frankreich

Geographische Breite: 45,67° N
Geographische Länge: 0,16° O
Ablage: +5,6 km, Höhe über NN: 93 m
Bezugspunkt: Zentrum, Kirche

Angoulême, am Ufer der Charente hoch auf einem Kalkfelsen gelegen, ist das Zentrum des Departements Charente. Angoulême ist das römische Iculisma in Aquitanien und die einstige römische Provinz-Hauptstadt.

Die von Angoulême ausgehenden Hauptstraßen sind mit den Sternenstraßen 2. Ordnung, Sonnenvisuren, in der Ausrichtung korreliert. Die Zuordnung erfolgt im Uhrzeigersinn mit der Hauptstraße nach Norden, dann über Osten nach Süden und Westen (Michelin, Karte Nr. 72; 1 : 200.000 und Fischer-Reiseführer Frankreich 1986).

Megalithisches Kult- und Orientierungsnetz

Straßenbezeichnung, Hauptvisuren	Straßenführung, Ortsnamen
Hauptstraße N 10	Richtung nach Norden: Mansle, Ruffec, Kreuzung westl. Civray
Hauptstraße N 141 Sommersonnenwende (NNO) Sonnenaufgang	Richtung nach Nordosten: la Rochefoucauld, Confolens
Straße D 699 Äquinoktien (O) Sonnenaufgang	Richtung nach Osten: Montbron, St-Mathieu
Straße D 939 (SSO) Sonnenaufgang	Richtung nach Südosten: la Rochebeaucourt et Argentine, Périgueux
Straße D 674	Richtung nach Süden: Aignes et-Puypéroux, Chalais
Hauptstraße N 10 Wintersonnenwende (WSW) Sonnenuntergang	Richtung nach Südwesten: Barbezieux, Bordeaux
Hauptstraße N 141 Äquinoktien (O) Sonnenuntergang	Richtung nach Westen: Jarnac, Cognac, Saintes
Straße D 939 Sommersonnenwende (NNW) Sonnenuntergang	Richtung nach Nordwesten: Matha, St. Jean-d'Angély

Sternenstraßen der Vorzeit

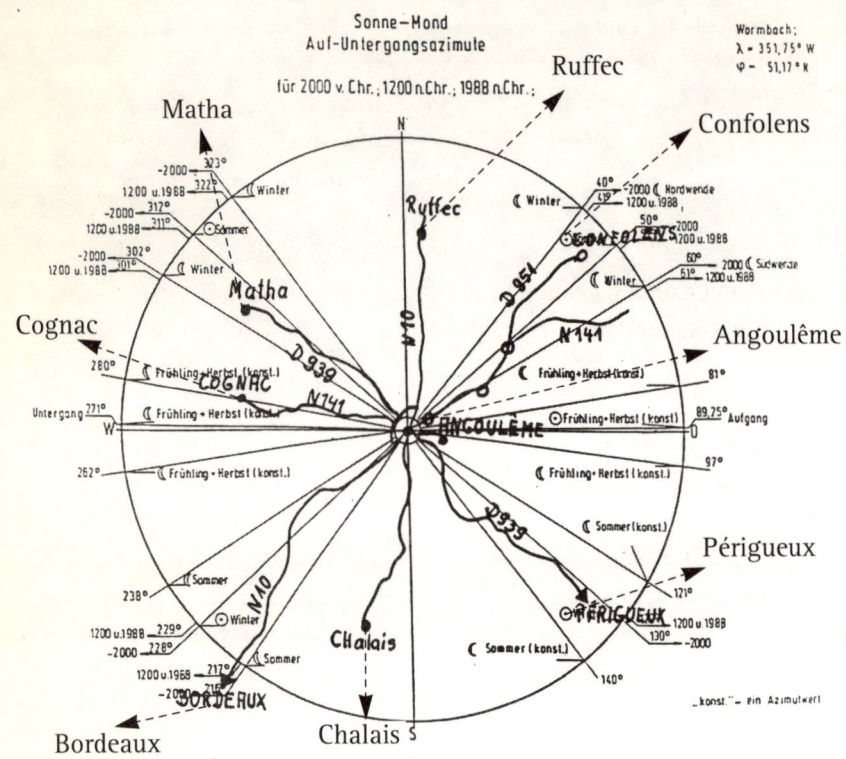

Angoulême: Straßenführungen

Megalithisches Kult- und Orientierungsnetz

Chartres, Frankreich

Geographische Breite: 48,43° N
Geographische Länge: 1,47° O
Ablage: -3,3 km, Höhe über NN: 70 m
Bezugspunkt: Zentrum, Kathedrale

Hauptstadt des alten französischen Departements Eure-et-Loir. Chartres hieß zur Römerzeit Autricum, war Hauptstadt der Karnuten (Carnutes) in Gallia Lugdunensis und ein bedeutender Verehrungsort der gallischen Muttergottheiten. Noch bis zur Mitte des 17. Jahrhunderts wurde in einer Grotte der Krypta ein gälisches Kultbild, nämlich die »Virgo paritura«, die Jungfrau, die gebären wird, verehrt.

Die von Chartres ausgehenden Hauptstraßen sind mit den Sternenstraßen 2. Ordnung, Sonnenvisuren, in der Ausrichtung korreliert. Die Zuordnung erfolgt im Uhrzeigersinn mit der Hauptstraße nach Norden, dann über Osten nach Süden und Westen (Michelin, Karte Nr. 60; 1 : 200.000 und Fischer-Reiseführer Frankreich 1986).

Sternenstraßen der Vorzeit

Straßenbezeichnung, Hauptvisuren	Straßenführung, Ortsnamen
Hauptstraße N 154	Richtung nach Norden: Dreux
Straße D 906 Sommersonnenwende (SSO) Sonnenaufgang	Richtung nach Südosten: Rambouillet, Versailles, Paris
Straße D 24 Äquinoktien (O) Sonnenaufgang	Richtung nach Osten: Béville le Comte, Chalo-St. Mars, Etampes
Hauptstraße N 154 Wintersonnenwende (SSO) Sonnenaufgang	Richtung nach Südosten: Ymonville, Allaines
Hauptstraße N 10	Richtung nach Süden: Châteaudun
Straße D 921 Wintersonnenwende (WSW) Sonnenuntergang	Richtung nach Südwesten: Bailleau-le-Pin, Blandainville
Hauptstraße N 23, D 920 Äquinoktien (O) Sonnenuntergang	Richtung nach Westen: Courville, St. Luperce, La Loupe
Straße D 939 Sommersonnenwende (NNW) Sonnenuntergang	Richtung nach Nordwesten: Vérigny, Châteauneuf-en-Thymerais, Brezolles

Megalithisches Kult- und Orientierungsnetz

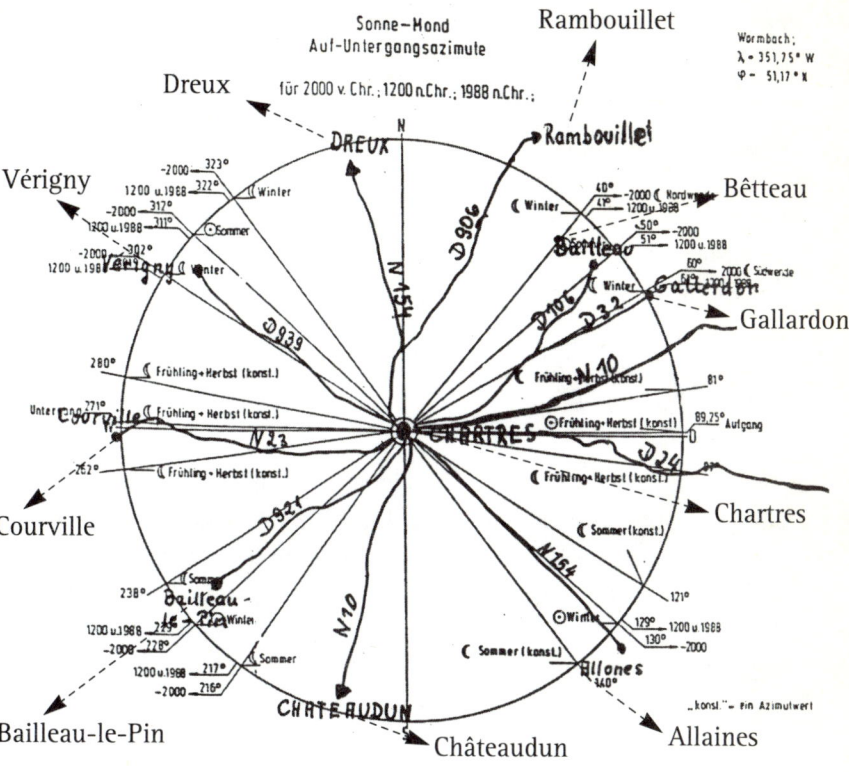

Chartres: Straßenführungen

Troyes, Frankreich

Geographische Breite: 48,29° N
Geographische Länge: 4,08° O
Ablage: – 9,9 km, Höhe über NN: 110 m

La Chapelle St-Luc:
Geographische Breite: 48,32° N
Geographische Länge: 4,08° O
Ablage: – 8,8 km, Höhe über NN: 110 m
Bezugspunkt: Zentrum, Kirche

Die ehemalige Hauptstadt der Champagne ist an der Seine gelegen. Troyes war im Altertum die Hauptstadt der keltischen Tricasser und hieß Noviomagus. Augustus gab ihr den Namen Augustobono. 451 n. Chr. fand in der Umgebung von Troyes die Hunnenschlacht statt. 1111 wurde in Troyes ein Konzil abgehalten.

Die von Troyes ausgehenden Hauptstraßen sind mit den Sternenstraßen 2. Ordnung, Sonnenvisuren, in der Ausrichtung korreliert. Die Zuordnung erfolgt im Uhrzeigersinn mit der Hauptstraße nach Norden, dann über Osten nach Süden und Westen (Michelin, Karte Nr. 61; 1:200.000 und Fischer-Reiseführer Frankreich 1986).

Megalithisches Kult- und Orientierungsnetz

Straßenbezeichnung, Hauptvisuren	Straßenführung, Ortsnamen
Hauptstraße N 77	Richtung nach Norden: Arcis-s-Aube, Sommesous, Châlons-s-Marne
Straße D 400 Sommersonnenwende (SSO) Sonnenaufgang	Richtung nach Südosten: Montier-en-Der, St. Dizier
Hauptstraße N 19 Äquinoktien (O) Sonnenaufgang	Richtung nach Osten: Colombey-les-2-Eglises
Hauptstraße N 71 Wintersonnenwende (SSO) Sonnenaufgang	Richtung nach Südosten: Mussy
Hauptstraße N 77 Wintersonnenwende (SSW) Sonnenuntergang	Richtung nach Südwesten: St. Florentin
Hauptstraße N 60 Äquinoktien Sonnenuntergang	Richtung nach Westen: Estissac, Aix-en-Othe
Hauptstraße N 19 Sommersonnenwende (NNW) Sonnenuntergang	Richtung nach Nordwesten: Chapelle St-Luc, Fontaine-les-Grès, Mesgrigny, Romilly

Sternenstraßen der Vorzeit

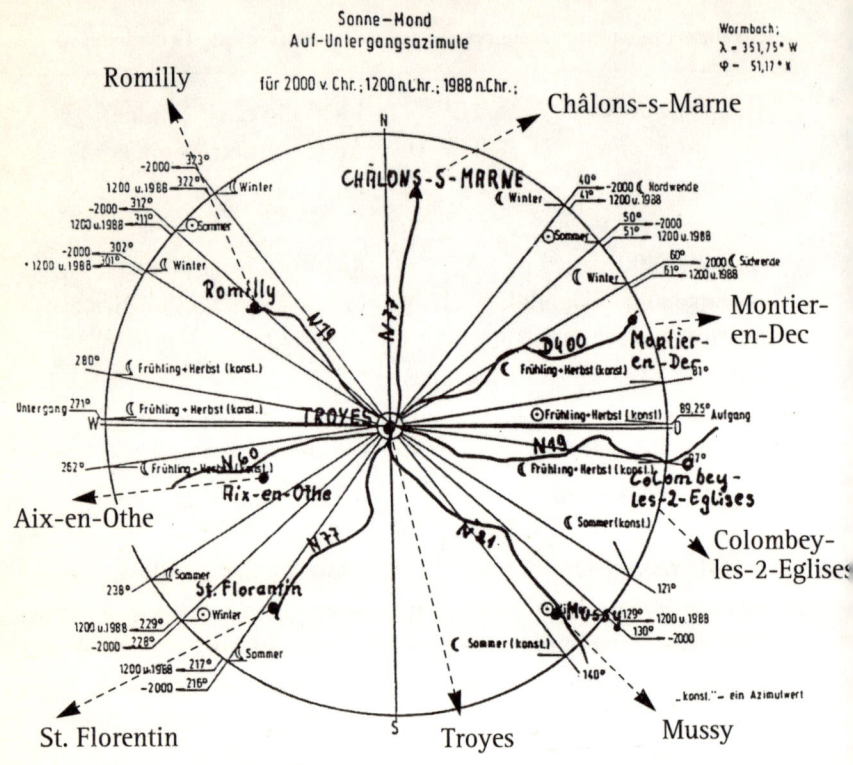

Troyes: Straßenführungen

Megalithisches Kult- und Orientierungsnetz

Meißen, Deutschland

Geographische Breite: 51,12° N
Geographische Länge: 13,46° O
Ablage: - 6,6 km, Höhe über NN: 94-204 m
Bezugspunkt: Zentrum, Albrechtsburg

Meißen, auch Markgrafschaft, wurde um 928 durch Heinrich I. gegründet und entstand durch die Aufteilung der Sorbenmark. Meißen ist am Nordende des Dresdener Elbtalbeckens auf Hügeln gelegen. Der Gründungsname lautete Misni. Die Stadt wurde als Zwingburg gegen die Sorben und zum Schutz des Elbüberganges errichtet.

Die von Meißen ausgehenden Hauptstraßen sind mit den Sternenstraßen 2. Ordnung, Sonnenvisuren, in der Ausrichtung korreliert. Die Zuordnung erfolgt im Uhrzeigersinn mit der Hauptstraße nach Norden, dann über Osten nach Süden und Westen (G-Karte, euro-MAIR-cart 1992/1993, Deutschland, Nr. 37, 1 : 200.000).

Sternenstraßen der Vorzeit

Straßenbezeichnung, Hauptvisuren	Straßenführung, Ortsnamen
Bundesstraße 101	Richtung nach Norden: Großenhain
Landstraße Sommersonnenwende (NNO) Sonnenaufgang	Richtung nach Nordosten: Radeburg
Bundesstraße 6 Wintersonnenwende (SO) Sonnenaufgang	Richtung nach Südosten: Radebeul, Dresden
Landstraße	Richtung nach Süden: Wilsdruff
Bundesstraße 101 Wintersonnenwende (SW) Sonnenuntergang	Richtung nach Südwesten: Heynitz, Nossen
Bundesstraße 6 Sommersonnenwende (NNW) Sonnenuntergang	Richtung nach Nordwesten: Riesa, Oschatz

Megalithisches Kult- und Orientierungsnetz

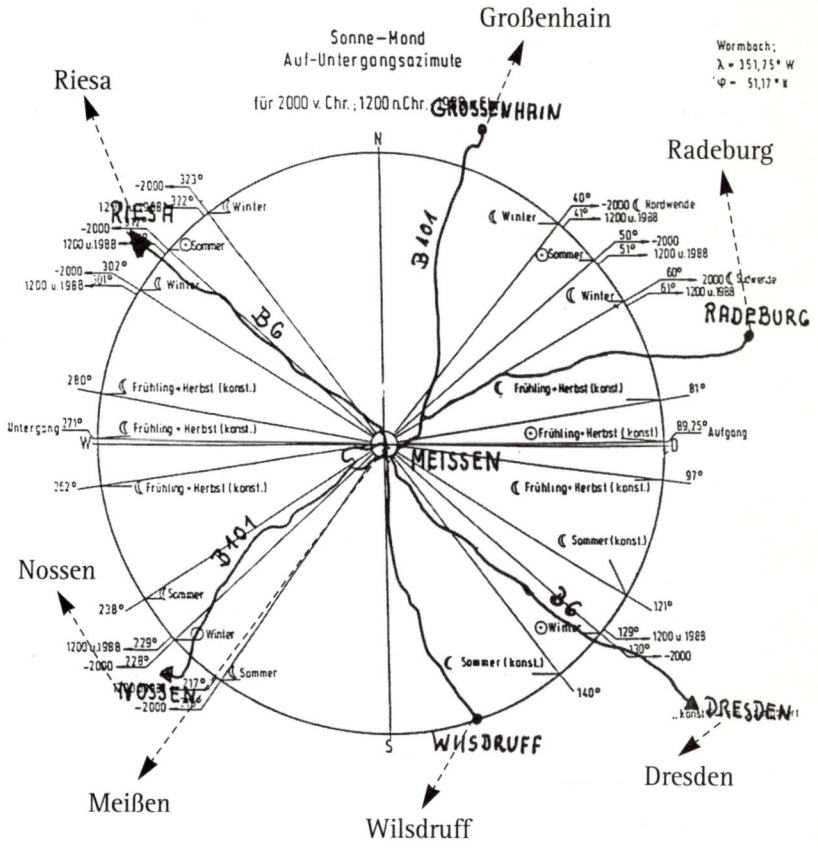

Meißen: Straßenführungen

Bautzen, Deutschland

Geographische Breite: 51, 14° N
Geographische Länge: 14, 41° O
Ablage: - 4,4 km, Höhe über NN: 210 m
Bezugspunkt: Zentrum, Kirche

Bautzen, an der Spree hoch auf einem Felsen gelegen, einst eine bedeutende Wendensiedlung, wurde um 1004 n. Chr. unter dem wendischen Namen Budissin erwähnt. Budissin wurde in dieser Zeit von Heinrich II. erobert. 1018 wurde dort der Friede zwischen dem Polenherzog Boleslaw und Kaiser Heinrich II. geschlossen.

Die von Bautzen ausgehenden Hauptstraßen sind mit den Sternenstraßen 2. Ordnung, Sonnenvisuren, in der Ausrichtung korreliert. Die Zuordnung erfolgt im Uhrzeigersinn mit der Hauptstraße nach Norden, dann über Osten nach Süden und Westen (G-Karte, euro-MAIR-cart 1992/1993, Deutschland, Nr. 37, 1 : 200.000).

Megalithisches Kult- und Orientierungsnetz

Straßenbezeichnung, Hauptvisuren	Straßenführung, Ortsnamen
Bundesstraße B 96	Richtung nach Norden: Königswartha
Bundesstraße B 156 Sommersonnenwende (NNO) Sonnenaufgang	Richtung nach Nordosten: Särchen, Guttau, Mückau
Landstraße Äquinoktien (O) Sonnenaufgang	Richtung nach Osten: Wurschen, Weißenberg
Bundesstraße B 6 Wintersonnenwende (SO) Sonnenaufgang	Richtung nach Südosten: Czorneboh (555 m), Löbau
Landstraße	Richtung nach Süden: Großpostwitz, Taubenheim
Landstraße Wintersonnenwende (SW) Sonnenuntergang	Richtung nach Südwesten: Putzkau
Landstraße Äquinoktien Sonnenuntergang	Richtung nach Westen: Stiebitz, Göda, Bischofswerda
Landstraße Sommersonnenwende (NNW) Sonnenuntergang	Richtung nach Nordwesten: Panschwitz, Kamenz

Sternenstraßen der Vorzeit

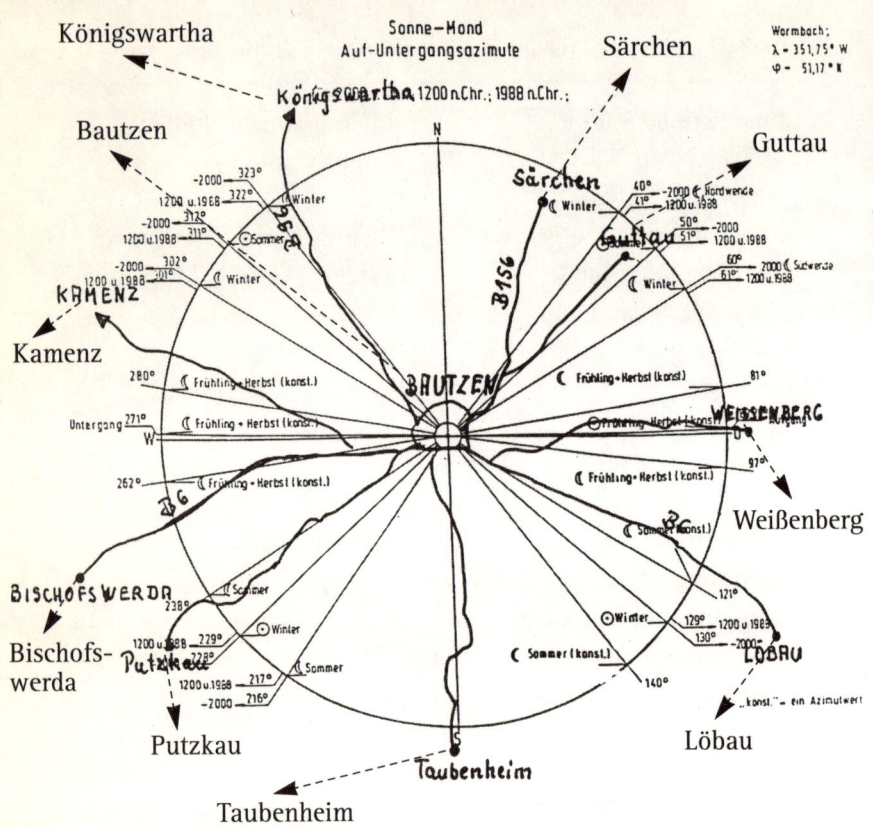

Bautzen: Straßenführungen

4. Kapitel

Stonehenge: Orte und Grabstätten und deren Orientierung zu den Jahres-Hauptvisuren für Sonne und Mond, den Sternenstrassen 2. Ordnung

Das am Kultraum Wormbach von mir erstmals abgeleitete Ordnungsprinzip für das Siedlungsumfeld zu den vom Kultzentrum Wormbach ausgehenden Jahres-Hauptvisuren für Sonne und Mond (s. GLV, S. 176 ff.) legte es nahe, dieses erkannte Wormbacher-Ordnungsprinzip auf seine vermutete Allgemeingültigkeit hin zu überprüfen. Die Jahres-Hauptvisuren, in Wormbach für Sonne und Mond bestimmt, sind die Sternenstraßen 2. Ordnung. Sie konnten gleichwertig, d.h. ohne eine rechnerische Transformation auf die megalithische Kultstätte Stonehenge in Südengland übertragen werden, da sie auf gleicher geographischer Breite liegen.

Hierdurch sollte die Annahme aus den bisherigen Untersuchungen, daß zwischen Wormbach und Stonehenge eine direkte Beziehung bestehen könnte, überprüft werden. Durch die einfache Übertragungsmöglichkeit der Wormbacher astronomischen Orientierungswerte auf Stonehenge und durch das Erkennen eines analogen Ordnungsprinzips für das Umfeld von Stonehenge ist diese Annahme bestätigt worden.

Die nachstehenden Detaildarstellungen des Umfeldes von Stonehenge zeigen in überzeugender Weise, daß für die Errichtung des Großkultraumes Stonehenge und Wormbach analoge Ordnungsprinzipien angewendet worden sind. Das bedeutet, daß auch gleich erfahrene oder geschulte Wissende dafür verantwortlich zeichneten.

Aus der nachstehenden Auflistung von Orten, Kapellen, Bildstöcken und Grabstätten – Tumuli –, die sich zu den Hauptvisuren für Sonne und Mond in Analogie zu Wormbach (s. GLV, S. 176 ff.) anordnen, kann die Frage einer möglichen Beziehung zwischen Stonehenge und Wormbach eindeutig mit einem Ja beantwortet werden.

Das gleiche Prinzip der Umfeldordnung bezüglich der Hauptvisuren für Sonne und Mond, wie es erstmals für Wormbach gefunden wurde, gilt ebenfalls für Stonehenge. In beiden Kulturräumen sind vergleichbare Planungs- beziehungsweise Gestaltungsüberlegungen angewandt worden.

Somit ist Wormbach mit Stonehenge nicht nur durch die gleiche geographische Breite, d.h. durch die Kult- oder West/Ost-Sternenstraßen 1. Ordnung verbunden, sondern die entscheidende Grundkonzeption der Errichtung beider Kultstätten ist durch die analoge ordnende Gesetzmäßigkeit mittels der Kult- oder Sternenstraßen 2. Ordnung auf das Umfeld, d.h. der Ordnung dieses Umfeldes in bezug auf das Beobachtungsbeziehungsweise Kultzentrum zu erkennen.

Eine weitere wichtige Orientierungsanalogie auf die Visuren für Sonne und Mond ergibt sich aus der Verteilung der Grabstätten in bezug auf das Zentrum Stonehenge in der Ebene von Salisbury.

In heiliger Erde erfolgte die Bestattung der Verstorbenen in Stonehenge und analog auch in Wormbach.

Die Verteilung der Ansiedlungen und der zugehörigen Grabstätten zeigt eine eindeutige Zuordnung zu den Visuren, zu den Sternenstraßen 2. Ordnung, zu den Äquinoktien, dem Frühlings- und Herbstanfang und den Wendepunkten für Sonne und Mond im Jahresablauf.

Auffallend ist hierbei die besondere Anordnung auf die Aufgangspositionen der Sonne hin. Die Grabstätten – Tumuli – finden sich bevorzugt in den Ostbereichen von Stonehenge.

Megalithisches Kult- und Orientierungsnetz

Der Verstorbene wurde bei den nordischen Völkern so in das Grab gelegt, daß die Füße nach Osten auf die aufgehende Sonne hin ausgerichtet waren. Bei der Auferstehung, die auch in der nordischen Religion und Mythologie einen wichtigen Platz einnimmt, sollte der Auferstehende, sich aufrichtend, in das Licht der aufgehenden Sonne blicken können (s. GLV, S. 10 ff.).

In Wormbach ist daher die Konstruktion des Tierkreises in das Gewölbe der Pfarrkirche St. Peter und Paul in einem unübersehbaren Bezug zu dem Frühlingsanfang, dem germanischen Osterfest, erfolgt (s. GLV, S. 105 ff.). Das Osterfest beinhaltete in Religion und Kultus der Kelten und Germanen die Auferstehung der Natur aus dem Tod der Winternacht. In die Auferstehung der Natur schloß sich auch der indogermanische Mensch ein.

Die Benediktiner aus Köln, die Erbauer der jetzigen Pfarrkirche in Wormbach, haben dem indogermanischen Auferstehungs-Kult durch die Ausmalung des Gewölbes und die Anordnung eines vollständigen Tierkreises in bezug auf das germanische Osterfest die christliche Auferstehung in einer großartigen Apsis-Ausmalung entgegengesetzt und damit christianisiert weitergeführt. Hierdurch wurde die Polarität und zugleich Analogie des germanischen Kultes zu dem christlichen Kult in eine gelungene sakrale Synthese geführt (s. GLV, S. 123 ff.).

Diese hier nachgewiesene Parallele in der Ordnung des Umfeldes um die Kultstätten Stonehenge und Wormbach ist ein zusätzlicher beachtenswerter Beweis für die übergeordnete Folgerichtigkeit des Stonehenge/Wormbach-Systems.

5. Kapitel

Wormbach: Ergänzungen der Interpretationen von 1982/1988 zu den Ausmalungen des Gewölbes und der 1989 freigelegten Pfeiler- und Wandausmalungen in der Ur-Pfarrkirche

Die von mir 1982 in einer Vorveröffentlichung, »Wormbach (HSK) eine vorgeschichtliche Sonnenwarte in Westfalen. Der Tierkreis in der Kirche St. Peter und Paul in Wormbach«, und die 1988 in »Die Götter des Landes Vestfalen« vorgestellten Untersuchungen und Interpretationen der erzielten Ergebnisse konnten entscheidend zu dem Stonehenge/Wormbach-System erweitert werden. Zusätzlich steuerten Fachkollegen wertvolle Ergänzungen bei. Der entsprechende Aufruf des Verfassers an die Leser,

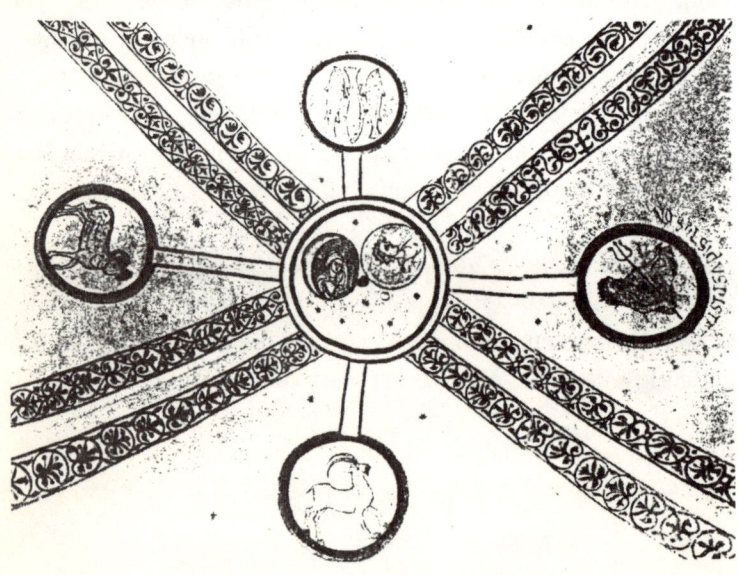

Wormbach: Westjoch-Gewölbeschlußstein

die weiterführenden Forschungen durch Hinweise zu unterstützen, hat ebenfalls eine erwünschte Resonanz gefunden (s. GLV, S. 3).

In »Die Götter des Landes Vestfalen« (s. GLV, S. 117) heißt es:

> Vom Zeigefinger der rechten Hand des gekrönten Mannes, der in der linken Hand eine Lanze hält, führt eine auffallende und sehr nüchtern wirkende gerade Linie zu dem »Aufhängepunkt« einer Handwaage.
> Eine solche nüchtern gezogene geometrische Linie in einer Tierkreisdarstellung in dieser frühromanischen Kirche sucht ihresgleichen.

Weiter heißt es (s. GLV, S. 121):

> Diese astronomische Positionsbegrenzung wird durch die Verbindungslinie, die »störende Gerade«, ausgehend von der rechten Hand der gekrönten Person zu dem Tierkreis-Sternbild WAAGE hin dargestellt.

Im Verlauf der im Sommer und Herbst 1989 ausgeführten Reinigungsarbeiten in der Pfarrkirche St. Peter und Paul hatte ich Gelegenheit, die Ausmalung des Gewölbes von der Einrüstung aus »objektnah« zu überprüfen. Zusätzlich konnten in Gesprächen vor Ort mit dem dort tätigen Konservator Jaroslaw Kulicki, M.A., weitere Einzelheiten der Ausmalung in ihrem Detail kritisch geprüft und diskutiert werden. Hiernach ergab sich ein Verdacht, daß die »störende Gerade«, die von der rechten Hand der gekrönten Figur zu dem Aufhängepunkt der Waage führt, eine stehengebliebene Hilfslinie aus der Phase der zeichnerischen beziehungsweise konstruktiven Vorbereitung der Ausmalung sein könnte.

Sicherlich haben die Auftraggeber der Ausmalung den Malern eine Vorlage geliefert, die zu Beginn der Ausmalungsarbeiten in das Gewölbe hinein konstruiert wurde. Ein Beweis für derartige

Hilfslinien konnte darin gesehen werden, daß sich auch in anderen Gewölbeabschnitten Reste solcher Hilfskonstruktionslinien andeutungsweise finden ließen, die aber nicht eine so auffallende außergewöhnlich breite Strichstärke besaßen.

Die Frage, warum nun besonders diese eine »Hilfslinie« im Westjoch so dominant herausgearbeitet wurde, könnte nach meiner Ansicht zwei Gründe haben: Es ist entweder eine bewußte Herausstellung mit einer gezielten Aussage durch die geistigen Väter der Ausmalung, oder den Restauratoren Kästner und Fernkorn ist bei ihren Arbeiten in den Jahren 1956/1957 ein Irrtum/Fehler unterlaufen beziehungsweise zuzuschreiben.

Ich hatte 1982 noch eine Befragung eines der Restauratoren zu der Authentizität der Freilegungen und Restaurierungsarbeiten in Form eines beweissichernden Schriftverkehrs (s. GLV, S. 93) vorgenommen und auch Einsicht in die Tagebücher des Denkmalamtes Münster zu den Restaurierungsarbeiten nehmen können. Aus diesen Unterlagen und der schriftlichen Äußerung ergibt sich, daß es unwahrscheinlich ist anzunehmen, die Restauratoren hätten sich derartige »künstlerische Freiheiten« erlaubt.

Unabhängig von der Realität dieser Linie oder einer nur unbeabsichtigt besonders aufgefrischten Konstruktionslinie stellt aber die Haltung des Armes und die eindeutig ausgestreckte und weisende rechte Hand der lanzentragenden, gekrönten Person einen Hinweis auf das Tierkreiszeichen der Waage dar.

Die bisherigen Aussagen können somit durch die neuen Vorort-Untersuchungen und Hinterfragungen nicht als abgeschwächt angesehen, sondern im Gegenteil als noch gesicherter behandelt werden.

Die konstruktive Gestaltung des Westjochs beinhaltet die Darstellung einer »astronomischen Grenze« im Hinblick auf die fixierte Datierung des christlichen Osterfestes.

Für die Deutung der gekrönten, lanzentragenden Figur sehe ich zur Zeit folgendes als wahrscheinlich an: Ab dem 12. Jahrhundert tritt der Erzengel Michael, der in der kirchlichen Lehre und damit auch in der kirchlichen Kunst mehr und mehr Bedeutung findet, als Engel des Weltgerichtes auf. Der Erzengel Michael hält aber immer in der linken Hand die Waage und in der rechten Hand die Lanze oder das Schwert. Diese Feststellung deckt sich ikonographisch nicht mit der Figur im Westjoch des Wormbacher Kirchengewölbes (s. GLV, S. 119–120).

In allen Darstellungen des Erzengels Michael als »Seelenwäger«, als Überwinder des Teufels, des Bösen oder des Drachens, wird die Lanze oder das Schwert immer von der rechten Hand des Erzengels gehalten und nicht wie in Wormbach von dessen linken Hand.

Die ikonographische Umsetzung der Lanze von der rechten in die linke Hand ergibt sich demnach zwangsläufig aus den beabsichtigten astronomischen Aussagen, die mit den in Wormbach von der Christianisierung angetroffenen vorchristlichen religiös-kultischen Gegebenheiten als eine fixierte Aussage zwingend verkoppelt werden sollten:

a) Darstellung der zeitlichen Grenze für das Datum des christlichen Osterfestes einschließlich der Zeitpunkte der Äquinoktien: Der erste Frühlingsvollmond, der das Datum des Osterfestes bestimmt, kann sich nämlich in seiner Position nur in den Tierkreis-Sternbildern Jungfrau oder Waage befinden (s. GLV, S. 121–122).
b) Die Sonne tritt im Jahreslauf in das Tierkreiszeichen der Waage ein, es ist Herbstanfang (s. GLV, S. 231).
c) Auf Veranlassung von Ludwig dem Frommen wurde im Jahre 813 auf dem Konzil von Mainz das Fest des Heiligen Michael auf den Herbstanfang gelegt. Dieser Zeitabschnitt des Jahres war aber zuvor bei den Germanen ihrem Hauptgott Wodan geweiht. Wodan wurde »christianisiert« und durch den Erzengel Michael ersetzt.

d) Der hinweisende Arm und der demonstrativ weisende Finger der geöffneten Hand der gekrönten Person richtet sich auf die Waage. Diese Form der Ausmalung stellt zusätzlich zu den astronomischen Aussagen die besitzergreifende Geste des Erzengels Michael auf die Übernahme dieses Jahresbereiches dar, der bislang dem heidnischen Gott Wodan zugeordnet war.

Der Erzengel Michael, der höchste Engel in der himmlischen Hierarchie, wird durch das Dekret des Konzils, das bezeichnenderweise durch Ludwig den Frommen (778–840), Sohn und kaiserlicher Nachfolger von Karl dem Großen, veranlaßt wird, in die Kultposition der germanischen Hauptgottheit Wodan eingesetzt.

Ludwig der Fromme, ein eifernder Christ, hatte zusätzlich das durch seinen Vater Karl gesammelte germanische Kult- und Kulturgut, darunter auch die wenigen schriftlichen Überlieferungen der damals noch greifbaren germanischen Kult- und Kulturgeschichte, aus religiösem Eifer und aus mangelndem Interesse an dem wertvollen Sammelgut seines Vaters veräußert beziehungsweise vernichten lassen.

In die Reihe der Auflösung dieser Sammlung und einer damit verbundenen zwangsläufigen Zerstörung gehörte dann auch die konsequent von Ludwig betriebene Bemühung des Austauschens, d.h. das Auslöschen der heidnischen germanischen Hauptgottheit, Wodan, aus dem Bewußtsein der germanisch-sächsischen Völker. Der heidnische Gott Wodan wurde folgerichtig durch den Erzengel Michael ersetzt.

Der Erzengel Michael war außerdem der Schutzengel der christlichen Kirchen gegenüber den heidnischen Göttern und Dämonen. Unter seinen besonderen Schutz wurden die christlichen karolingischen Gotteshäuser dadurch gestellt, daß das besonders durch heidnische Dämonen gefährdete Westwerk der

Kirchen und Kapellen eine Figur oder das Bild des Erzengels Michael erhielt.

In der Schlacht auf dem Lechfeld (955) wurden dem siegreichen deutschen Ritterheer Lanze und Bild des Erzengels Michael vorangetragen.

Erzengel Michael, S. Apollinare Nuovo, Ravenna (6. Jh.)

Erzengel Michael, Bamberger Handschrift (um 1020)

Megalithisches Kult- und Orientierungsnetz

Erzengel Michael, Heinrich II. beziehungsweise Heinrich III. Wormbach (s. GLV, S. 119)

Sternenstraßen der Vorzeit

*Tierkreiszeichen Waage mit Beda-Umschrift,
Westjoch Wormbach (1100-1200)*

Megalithisches Kult- und Orientierungsnetz

*Erzengel Michael, Basilika Hagioi Anargryoi
10./11. Jh., Kastoria/Griechenland*

In der Legende um das Michaelion in Chonae (Phrygien) wird berichtet, daß dieses Heiligtum durch zwei reißende Flüsse gefährdet wurde. Der Erzengel Michael erschien und schlug mit seiner Lanze einen Spalt in die Felsen, in dem die reißenden Flüsse dann verschwanden. Das Heiligtum wurde so durch den Erzengel Michael gerettet.

Erzengel Michael, Das Wunder von Chonae
Malerbuch vom Berg Athos

Megalithisches Kult- und Orientierungsnetz

Erzengel Michael als Seelenwäger, Ikone Pisa (Ende 13. Jh.)

Sternenstraßen der Vorzeit

*Erzengel Michael mit Lanze und Waage,
Juan de la Abadia, 1490, Barcelona*

Megalithisches Kult- und Orientierungsnetz

Die in der Ausmalung des Gewölbeschlußsteins im Westjoch der Pfarrkirche in Wormbach anzutreffende gekrönte Person mit der Lanze in der linken Hand, mit der rechten Hand auf das Zeichen Waage weisend, stellt nach meinen Untersuchungen den Erzengel Michael gemäß des Mainzer Konzils als Schutzengel der frühen christlichen Kirchen dar. Zusätzlich werden astronomische Aussagen dargestellt, nämlich die Festlegung des Kirchenjahres mit der Datumsgrenze für das christliche Osterfest durch die eingeengte Position des Frühlings-Vollmondes in den Sternbildern Jungfrau und Waage nach dem Zeitpunkt des Frühlings-Äquinoktiums (s. GLV, S. 240). Daß die Sonne in ihrem Jahreslauf um den 23. September in das Sternbild der Waage eintritt (s. GLV, S. 122), wird durch diese symbolisierte und ganz offensichtlich vielschichtige kultische und astronomische Ausmalung des Westgewölbejochs in Wormbach dokumentiert.

Eine Interpretationsvariante des Gewölbeschlußsteins im Westjoch der Pfarrkirche stellte Christian Oeyen im Dezember 1990 vor. Diese Interpretation erscheint mir ebenfalls beachtenswert. Oeyen sieht in der gekrönten Person in dem Gewölbeschlußstein des Westjochs der Pfarrkirche Kaiser Heinrich II. (973–1024) beziehungsweise Heinrich III. (1017–1056). Die Kaiser besaßen in damaliger Zeit in den Westteilen der bedeutenden Kirchen ihren exklusiven Sitz. Dort nahmen sie an dem Gottesdienst teil. Folgerichtig sieht Oeyen die Pfarrkirche als den Nachfolgebau einer ehemaligen Kaiserkapelle, in der der Kaiser auf seinen Reisen in das Sachsenland am Gottesdienst teilnahm.

Diese Interpretation von Oeyen würde die Bedeutung des Kultortes Wormbach zusätzlich dokumentieren. Heinrich II. hatte in der Domschule von Hildesheim eine für die damalige Zeit außergewöhnlich umfassende Bildung erhalten. Seine persönliche Haltung wurde durch eine tiefe Frömmigkeit und eine ausgeprägte kirchliche Einbindung seines weltlichen Amtes gekennzeichnet. Als König ließ er sich noch in die Kapitel mehrerer Domkirchen aufnehmen. Königsamt und Kaiserwürde betrachtete Heinrich II. als strenge geistliche und weltliche Pflichten in fester Bindung an seine Stellung als Kaiser. Am 8. September 1002 erfolgte seine Thronbesteigung in Aachen, und danach begannen sicherlich auch die Planungen für die heutige Kirche in Wormbach. Interessant ist die von Oeyen aufgestellte These, daß Wormbach eine Kaiserkapelle besessen habe und somit der Kaiser gelegentlich in Wormbach geweilt habe.

Von Heinrich II. ist eine ihn charakterisierende Geschichte überliefert: Heinrich II. bestrafte einen seiner Knappen dafür, daß dieser eine heidnische Fahne, auf der ein Götzenbild dargestellt war, mit einem Steinwurf durchlöchert hatte.

Zusätzlich würde für die besondere Achtung der vorchristlichen Symbole durch Heinrich II. die Tatsache sprechen, daß der Kaiser bei festlichen Anlässen den »Sternenmantel« als Kaisermantel getragen haben soll. Dieser »Sternenmantel« zeigt nämlich neben einer Fülle von Medaillons und Inschriften auch die heidnischen Tierkreiszeichen mit ihren Bezeichnungen.

Der Sternenmantel ist eine Schenkung des Grafen Ismahel von Apulien an Kaiser Heinrich II. in den Jahren um 1019. Mittels dieser Schenkung wollte Graf Ismahel sich die kaiserliche Unterstützung sichern. Ismahel wird daher wohl, bevor er den Mantel in einer der kaiserlichen Werkstätten in Regensburg in Auftrag gab, hinterfragt haben, ob sich die vorgeschlagene Gestaltung, die Auswahl der Motive, mit der kaiserlichen Gedankenwelt in Übereinstimmung befand, d.h. gebilligt und somit als Geschenk angenommen würde. Aber Heinrich II. konnte das Geschenk von Ismahel nicht mehr aus dessen Hand annehmen, da dieser 1020 plötzlich verstarb.

Dieses Gewähren wirkt sicherlich besonders für die spätere Motivwahl, die Ausmalung mit dem heidnischen Tierkreis in dem Nachfolgebau für die Kaiserkapelle in Wormbach, die heutige Pfarrkirche, weiter fort.

Megalithisches Kult- und Orientierungsnetz

Heinrich II. übereignete den Mantel einige Jahre später dem Bamberger Domschatz, in dem sich der Sternenmantel noch heute befindet (Baumgärtel-Fleischmann 1988).

Detail Sternenmantel: Fische (I. Limmer, Bamberg)

Aus dem Verhalten Heinrichs II. gegenüber der heidnischen Symbolik kann gefolgert werden, daß er bei der Einsicht in die ersten Entwürfe und bei den persönlichen Präsentationen zu der beabsichtigten Gestaltung und Ausmalung der Ur-Pfarrkirche in Wormbach, der Innenausgestaltung und des Gewölbes durch das Erzbistum Köln keine Einwände gegen die Einbringung des heidnischen Tierkreises in das Gewölbe erhoben hat. Ein solcher Vortrag nebst Einsicht in die Planungen dürfte mit hoher Wahrscheinlichkeit stattgefunden haben.

Sternenstraßen der Vorzeit

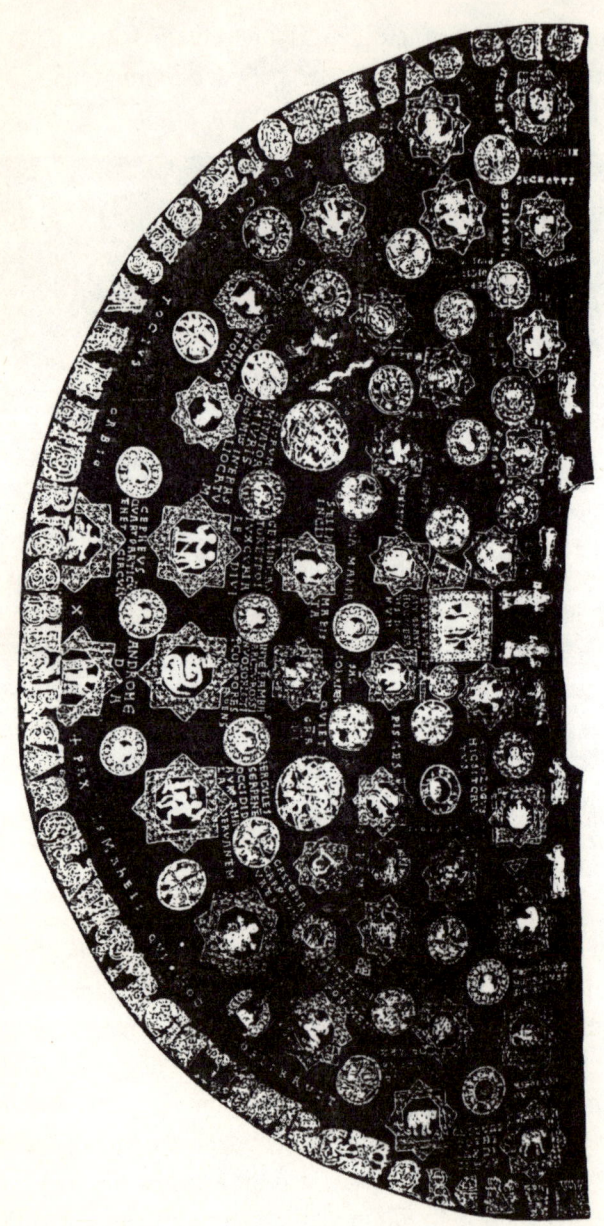

Sternenmantel von Kaiser Heinrich II.

Megalithisches Kult- und Orientierungsnetz

Detail Sternenmantel: Krebs (I. Limmer, Bamberg)

Detail Sternenmantel: Jungfrau (I. Limmer, Bamberg)

Heinrich II. lebte eine sehr enge Einbindung seiner Regentschaft in die alltäglichsten Anliegen der Kirche und ihm muß die vorchristliche kultische Bedeutung Wormbachs für das kultisch-religiöse Leben der Sachsen und allgemein der Germanen umfassend bekannt gewesen sein.

Der Gewölbeschlußstein im Mitteljoch

Die bei der Freilegung des Tierkreises 1956/1957 im Gewölbe ebenfalls aufgedeckten Umschriften um die Tierkreiszeichen führen auf die Texte des Beda Venerabilis (672-735) zurück (s. GLV, S. 90-92). Ich habe bereits 1988 auf die besondere Aussagebedeutung der Heiligenfigur im Schlußstein des Mitteljochs hingewiesen (s. GLV, S. 113-114). Dort heißt es:

> Die Heiligenfigur »Diakon« soll durch den auffallend erhobenen Zeigefinger der rechten Hand darauf hinweisen, daß die Ausmalung des Kirchengewölbes mit dem Tierkreis nicht eine zufällige Gestaltung ist, sondern daß sich die Gestalter der Ausmalung bemühten, durch diese gewählte Konfiguration und Ikonographie der Ausmalung eine spezielle und gezielte Aussage zu überliefern.

Christian Oeyen identifiziert 1990 diesen Heiligen im Gewölbeschlußstein des Mitteljochs als eine Darstellung des Beda. Nach Oeyen besitzt Wormbach damit die älteste bildliche Darstellung des Beda in einer frühen christlichen Kirche. Ich schließe mich dieser Interpretation des Gewölbeschlußsteines im Mitteljoch an.

Der Interpretation des Westgewölbeschlußsteins als einer Darstellung der Kaiser Heinrich II. oder Heinrich III. kann ich mich dagegen nicht anschließen. Ich bevorzuge meine Erzengel-Michael-Interpretation.

Megalithisches Kult- und Orientierungsnetz

Aus diesen ergänzenden Interpretationen des ikonographischen Inhaltes der Gewölbeschlußsteine im West- und Mitteljoch und der unverändert bestehen bleibenden Interpretation des Gewölbeschlußsteins im Ostjoch (s. GLV, S. 109, 110, 232) der Ur-Pfarrkirche in Wormbach zeigt sich überzeugend die gelungene Umsetzung einer informativen und spirituellen Synthese seitens der Erbauer und der religiös/künstlerischen Gestalter der Ur-Pfarrkirche.

Mit dieser Symbol-Synthese, mit der der um 750 noch direkt angetroffene keltisch-germanische Kult erkannt und in christia-

Wormbach: Gewölbeschlußstein Mitteljoch (s. GLV, S. 114-115)

Sternenstraßen der Vorzeit

Wormbach: Beda (672-735), Gewölbeschlußstein Mitteljoch

nisierter Form weitergeführt wurde, ist wieder einmal mehr die Regel der Kultstättenkontinuität eingehalten worden. Die aus dem Kultnetz für West- und Südeuropa erkennbare Schlüsseleinbindung Wormbachs weist eine noch weiterführende ehemalige Bedeutung Wormbachs innerhalb dieses Kultnetzes aus.

In der Gestaltung der Gewölbeschlußsteine besitzen wir die entscheidenden Schlüssel zum Verständnis der Grundkonzeption der Ausmalung.

Megalithisches Kult- und Orientierungsnetz

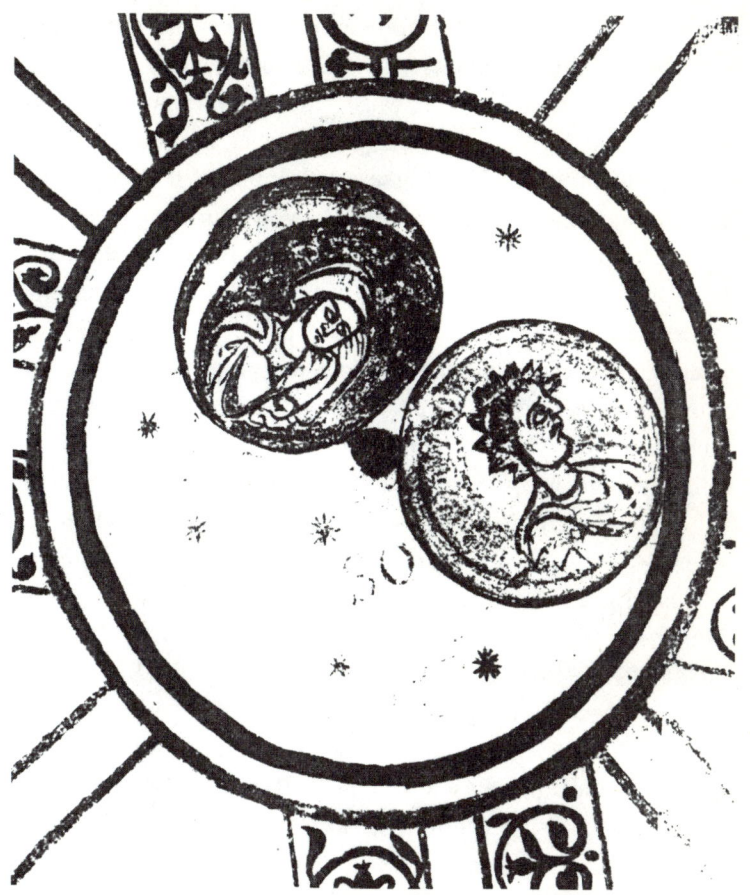

Wormbach: Gewölbeschlußstein Ostjoch (s. GLV, S. 109)

Zusammenfassung der Interpretationen

Die in meinem Buch »Die Götter des Landes Vestfalen« entwickelten Aussagen zu der Ausmalung des Gewölbes in der Ur-Pfarrkirche St. Peter und Paul in Wormbach wurden nach ihrer Veröffentlichung in den Jahren 1982 und 1988 weiter auf ihren Inhalt, die Sicherheit und die Einbindung ihres Aussagewertes in einen west- und mitteleuropäischen Zusammenhang hinterfragt. Teilweise mußten diese Ergebnisse unter schwierigsten Voraussetzungen, d. h. aus einem nur sehr geringem Ausgangs- und Vergleichsmaterial abgeleitet werden. Nach der Veröffentlichung der Ergebnisse 1988 konnte ich mittels weiterer Felduntersuchungen im Umfeld von Wormbach und des europäischen Raumes – Frankreich, Norditalien und Nordspanien – aus informativen Zuschriften und kritischen Anmerkungen diese Ergebnisse und Aussagen überprüfen und zusammensetzen. Dieses Vorgehen wurde aufgrund der Ergebnisse erforderlich, da sich immer stärker herausbildete, daß Wormbach nur einen Mosaikstein in einem sich mehr und mehr aufdeckenden west- und mitteleuropäischen megalithischen Kult- und Orientierungnetz darstellte. Ich behielt daher die intensive, analytische Bearbeitung des Wormbacher Raumes in diesem größeren räumlichen Zusammenhang bei, um meine erfolgreiche Systematik als methodische Empfehlung für eine analoge Bearbeitung anderer Schwerpunkt-Mosaiksteine in dem sich enthüllenden Netzplan aufzuzeigen.

Hierzu gehört insbesondere das bereits erkannte »Wormbacher Prinzip«, mittels der Sternenstraßen 2. Ordnung die Feingliederung von Kult- oder Siedlungsschwerpunkten zu erkennen.

Wer waren die Persönlichkeiten, die die Ur-Pfarrkirche so einzigartig – auch im europäischen Vergleich gesehen – gestalteten? War es der Erzbischof Anno II. von Köln? Hatte er doch 1072 diese Ur-Pfarrei Wormbach seiner Klostergründung Grafschaft, in unmittelbarer Nähe zu Wormbach gelegen, zugewiesen!

Die 1989 unerwartet erfolgte Freilegung bislang unbekannter Pfeiler- und Wandausmalungen bei Säuberungsarbeiten in der Pfarrkirche zeigten zusätzlich auf, daß diese Ur-Pfarrkirche in Wormbach zur Zeit ihrer Errichtung ein grandioses, sakrales Innenbild eines dominanten Gotteshauses dargestellt hat. Der

Megalithisches Kult- und Orientierungsnetz

gesamte Innenraum, die Pfeiler, die Wände, die Apsis und das Gewölbe, in leuchtenden Farben ausgemalt, muß der damaligen jungen christlichen Gemeinde ein äußerst beeindruckendes sakrales Erlebnis vermittelt haben! Der in jener Zeit erforderliche enorme Aufwand kann nur aus der damals noch stärker greifbaren und erkannten überregionalen kultischen Bedeutung

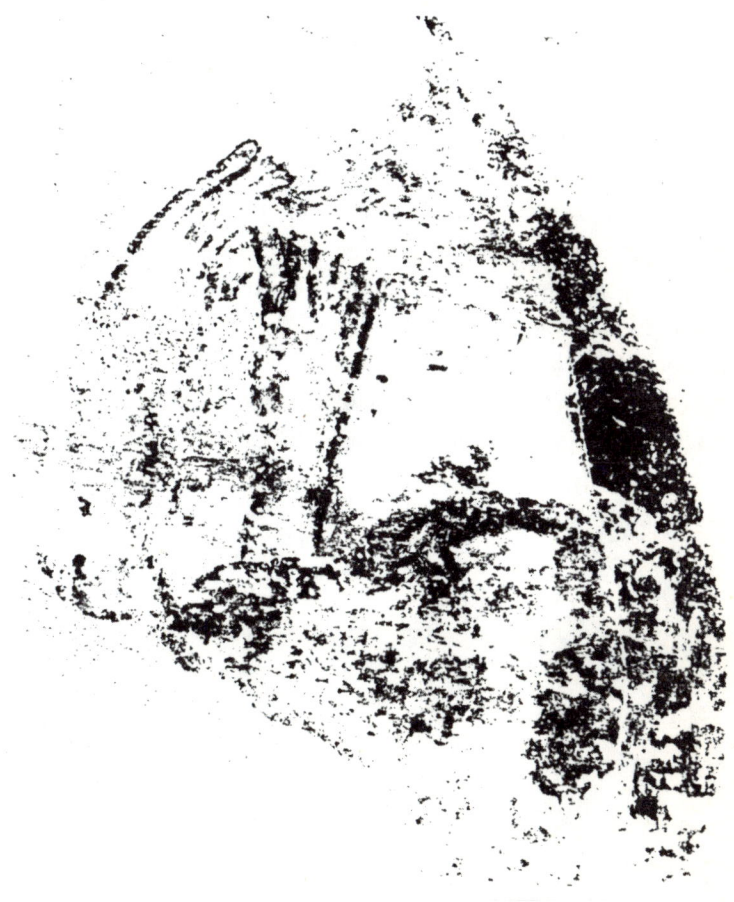

*Wormbach: Westwand Orgelaufgang Nordseite,
Freilegung 1989, nicht restauriert.*

bei den ansässigen sächsisch-germanischen Stämmen und dieser offensichtlich noch wirksamen überregionalen spirituellen Bedeutung erklärt werden.

Sicherlich setzte es zusätzlich in einem entscheidenden Maße voraus, daß eine besonders gebildete und zugleich auch maßgebliche Person der Kirche mit Billigung höchster kirchlicher und weltlicher Kreise frei gestalten und aussagekräftig wirken konnte.

Der von Christian Oeyen ausgesprochene Hinweis, daß die Ur-Pfarrkirche eine Kaiserkapelle gewesen sei, könnte, aus dieser besonderen Innenausgestaltung abgeleitet, einen bestätigenden Beweis erhalten.

Die jetzt zusätzlich erkannte Einbindung des Kultraumes Wormbach als ein Knotenpunkt in einem megalithischen Kult- und Orientierungsnetz für West- und Mitteleuropa vor vier- bis fünftausend Jahren, dem Stonehenge/Wormbach-System, läßt dieses alles nun endgültig verständlich werden.

In tiefer Verehrung müssen wir uns heute bei den Benediktinern verneigen, die diese Überlieferungsbasis mit Billigung der Kaiser Heinrich II., Heinrich III. und des Erzbistums Köln erstellten.

6. Kapitel

Der Tierkreis in frühen Synagogen und frühchristlichen Kirchen: Ein wichtiger Indikator zur Auffindung vorchristlicher Kultstätten

Nach der Entdeckung, der anschließenden Freilegung und Restaurierung eines vollständigen Tierkreises im Gewölbe der Ur-Pfarrkirche St. Peter und Paul 1956/1957 in Wormbach berichteten 1965 F. Mühlen und F. Herberhold über den Verlauf und die Ergebnisse der Restaurierungsarbeiten in der Zeitschrift »Westfalen«, H. 1/2, »Die Kirche in Wormbach«. F. Mühlen faßt seine Ansicht zu dem hier unerwartet aufgedeckten Tierkreis in folgende Aussage:

> Das Motiv der Tierkreisbilder ist auch sonst bekannt. Zur Zeit der Erbauung der Wormbacher Kirche begegnet es in zahlreichen Kalendarien, vielfach zusammen mit Monatsbildern, die für die jeweilige Jahreszeit kennzeichnende Arbeiten schildern. Während sie dort den Kalendarien zugeordnet sind, ist ihre Übertragung in die Gewölberegion einer Kirche einmalig.

Einerseits zeigt Mühlen die Einmaligkeit des Tierkreises im Gewölbe einer Kirche auf, andererseits läßt sich aus dem Text eine gewisse Häufung des Auftretens von Tierkreisen in damaliger Zeit ableiten. Letzteres schmälerte, wenn vielleicht auch ungewollt, die bewußtwerdende Einmaligkeit des Wormbacher Tierkreises (s. GLV, S. 129 ff.). Meine Felduntersuchungen erbrachten dagegen das Ergebnis, daß erstens der vollständige Tierkreis nur in außerordentlich bedeutenden Kirchen (s. GLV, S. 128-155) angetroffen wird und zweitens das Prädikat »zahlreich« in

Sternenstraßen der Vorzeit

der verallgemeinernden Bewertung unzutreffend ist. Weiterhin konnte ich feststellen, daß das Auftreten des Tierkreises in frühchristlichen Kirchen, ähnlich wie bei F. Mühlen, wenn überhaupt, dann nur mit einer Randnote in der Literatur registriert worden ist. Die Frage, warum die geistigen Väter der Christianisierung – und diese Christianisierung endete ja nicht im 1. Jahrhundert n. Chr., sondern setzte sich fort bis in das hohe Mittelalter – es zuließen oder sogar anregten, daß die Baumeister der Bauhütten teilweise offensiv den nach wie vor heidnischen Tierkreis in die bedeutendsten west- und mitteleuropäischen frühen Kirchbauwerke komponieren durften, wurde hier erstmalig gestellt und beantwortet. Die Frage wurde bislang nicht gestellt, weil offensichtlich ihre Relevanz für die Erkennung eines zugeschütteten Kultvorlaufs nicht erkannt worden ist! Nachstehend folgt eine Auflistung von Tierkreisen, die ausschließlich in bedeutenden frühchristlichen Kirchenbauwerken mit dokumentiertem vorchristlichem Kultvorlauf angetroffen werden. Hierdurch ist bewiesen, daß der Tierkreis die Eigenschaft eines Kultstättenindikators besitzt (s. GLV, S. 231).

Acquanegra sul Chiese, Italien:	S. Tommaso ~ 1100, Mosaik
Amiens, Frankreich:	Kathedrale (1220), Tierkreis-Symbole an den Sockeln der drei Westportale
Angers, Frankreich:	Kathedrale St-Denis, Westwerk-Rose
Aosta, Italien:	Kathedrale von, Fußbodenmosaik, Jahreszeitenkenner
Aulnay de Saintogne, Frankreich:	Pilgerkirche St-Pierre, Hauptportal
Autun, Frankreich:	Kathedrale St-Lazare, Tympanon, Hauptportal
Avallon, Frankreich:	Basilika St-Lazare, Tympanon, Hauptportal
Beth Halfa, Israel:	Synagoge, 565-578

Megalithisches Kult- und Orientierungsnetz

Bobbio, Italien:	Basilika S. Colombano, Fußbodenmosaik in der Krypta
Beth San, Israel:	Kloster der Jungfrau Maria, Fußbodenmosaik
Chartres, Frankreich:	Kathedrale Notre-Dame, Westfassade, Tympanon
Civray, Frankreich:	St-Nicolas, Hauptportal, Stirnarchivolte
Florenz, Italien:	S. Miniato al Monte und Baptiterium, 1207, Mosaik
Fenioux, Frankreich:	St-Savinien v. F., Westportal
Ganagobie, Frankreich:	1122-1124 Kloster Notre-Dame-du-Puy, Benediktinerkirche, Mosaik
Issoire, Frankreich:	St-Austremoine, Relief
Konstantinopel, Türkei:	Pantokratorkirche, 1118-1143, Mosaik
Laon, Frankreich:	Kathedrale, Rose
Köln, Deutschland:	Basilika St. Gereon, Fußbodenmosaik in der Krypta
Lausanne, Schweiz:	Kathedrale von Lausanne, Farbglas-Rose
Melle, Frankreich:	Prioratskirche St-Hilaire, Nordportal
Otranto, Italien:	Kathedrale von, Fußbodenmosaik
Paris, Frankreich:	Kathedrale Notre-Dame-de-Paris, Portal Westfassade, Westrose; Abteikirche von St-Denis, Türpfeiler, 1140/1150
Piacenza, Italien:	Basilika S. Savino, Fußbodenmosaik in der Krypta
Reims, Frankreich:	St-Rémi, Abteikirche, zwölf Tierkreiszeichen, 12. Jahrhundert
Reggio Emilia, Italien:	S. Prospero und S. Giacomo Maggiore, Tierkreiszeichen u. Monatsarbeiten, Bodenmosaik

Sternenstraßen der Vorzeit

Souvigny, Frankreich:	Prioratskirche Sts-Pierre-et-Paul
St-Omer, Frankreich:	Benediktinerkirche St-Bertin und Kathedrale (Chor), ~ 1109, Bodenmosaik
Tiberias, Israel:	Synagoge, 4. Jahrhundert
Tournus, Frankreich:	Kathedrale, Mosaik
Vézelay, Frankreich:	Kathedrale la Madeleine, Tympanon, Hauptportal
Wormbach, Deutschland:	Ur-Pfarrkirche St. Peter u. Paul, ~1150–1200, Tierkreis im Gewölbe

Nachdem vor zirka 40 Jahren der einzige Tierkreis im Gewölbe einer frühchristlichen Kirche in Wormbach entdeckt wurde, ordnet sich diese kleine Ur-Pfarrkirche in Wormbach in den Kreis der bedeutenden, frühen, europäischen Kultorte mit teilweise nachfolgenden christlichen Groß-Kirchenbauwerken gleichrangig ein! Zum Beweis für diese herausragende Stellung Wormbachs werden nachstehend einige der frühchristlichen Kirchen und Synagogen, an oder in denen der Tierkreis auftritt, vorgestellt.

Melle, Frankreich (Deux-Sèvres-Niort)	St-Hilaire Ehemalige romanische Prioratskirche, gegründet im 11. Jahrhundert, Pilgerstation an dem Pilgerwege nach Santiago de Compostella; Tierkreis mit Monatsarbeiten im Nordportal; Melle war bereits in der Antike und bis ins hohe Mittelalter Sitz einer Münzprägestätte mit Silbermine.

Megalithisches Kult- und Orientierungsnetz

Fenioux, Frankreich (Charente-Maritime)	St-Savinien Die bedeutende Kirche liegt zirka 8 km südwestlich von St-Jean-d'Angély; karolingischer Vorlauf; im Westportal der Tierkreis mit den Monatsarbeiten.
Souvigny, Frankreich (Allier)	Sts-Pierre-et-Paul Geistliches Zentrum der Grafschaft Bourbon, 915 Priorat, Niederlassung des Klosters von Cluny; an der Jakobpilgerstraße von Vézelay nach Santiago de Compostella gelegen; in der romanischen Kapelle St-Marc-Museum, oktogonaler Pfeiler, der sogenannte Kalender von Souvigny, mit Ornamentstreifen, Hauptthema die Tierkreiszeichen und die Monatsarbeiten. Handelt es sich hier um das Fragment einer Sonnenuhr, die zuvor im Kreuzgang stand?
Civray, Frankreich (Vienne)	St-Nicolas Im Hauptportal in der Stirnarchivolte der Tierkreis und die Monatsarbeiten.
Florenz, Italien	S. Miniato al Monte, alter Kultort auf einem Berge bei Florenz.

Issoire, Frankreich St-Austremoine
(Puy-de-Dôme) Nachfolgebau aus dem 12. Jahrhundert
für eine vorausgehende Kirche;
die Christianisierung soll im 4. Jahrhundert von hier ihren Ausgang genommen haben;
das gallische Iciodorum, 399 m über NN, genoß eine hohe Verehrung;
in der rechteckigen Scheitelkapelle, oberhalb der Kapellenfenster, ein Tierkreis-Relief.

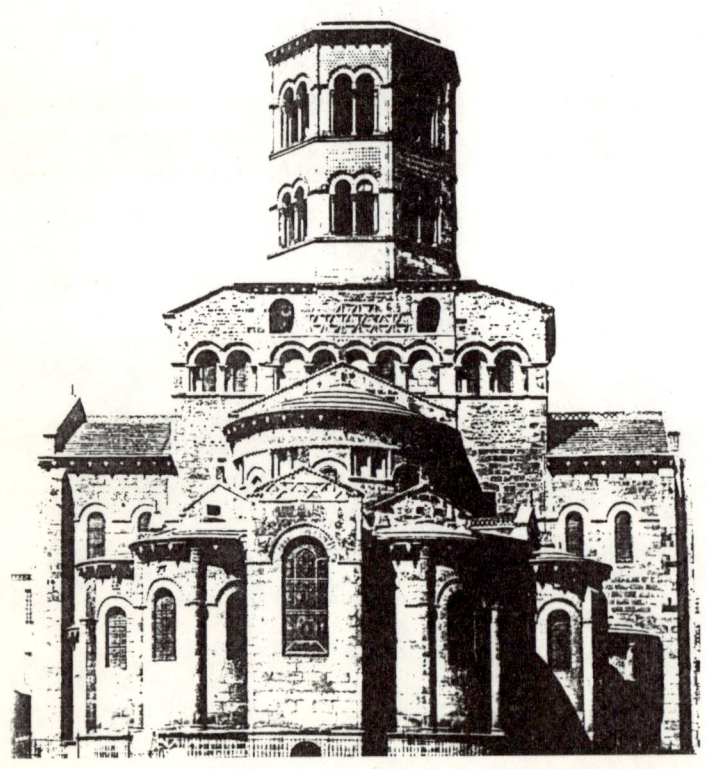

St-Austremoine

Megalithisches Kult- und Orientierungsnetz

Die Pilgerkirche St-Pierre, Westportal

Aulnay-de-Saintonge, Frankreich (Charente-Maritime)

St-Pierre
Pilgerkirche aus dem 11. Jahrhundert inmitten von Steingräbern, Station für Jakobspilger nach Santiago de Compostella, Tierkreis und die Monatszeichen im Hauptportal, in der äußeren Archivolte.

Ganagobie, Frankreich (Alpes-de-Haute-Provence)

Notre-Dame-du-Puy, Kloster
Auf dem hochgelegenen Plateau von Ganagobie gelegen, Prioriat, im 10. Jahrhundert gegründet, das Kloster unterstand Cluny;
im Querhausarm, linke Apsis, Mosaik mit den Tierkreiszeichen;
die Mosaiken bedecken eine Fläche von zirka 70 Quadratmeter, sie sind vergleichbar mit Otranto (Apulien) oder den Fragmenten in St. Gereon (Köln), größtes zusammenhängendes Mosaik der Romanik in Frankreich.

Bodenmosaik im Kloster Notre-Dame-du-Puy.

Megalithisches Kult- und Orientierungsnetz

Die Kathedrale Ste-Madeleine (1120–1215)

Vézelay, Frankreich (Yonne)

Ste-Madeleine, Kathedrale
Der Ort Vézelay liegt 300 m über NN, die Abtei Vézelay wurde 867 gegründet; 146 und 1190 war Vézelay Versammlungsort für den zweiten und dritten Kreuzzug und ein bedeutender Wallfahrtsort;
Ausgangsort einer der Jakob-Pilgerstraßen nach Santiago de Compostella; Narthexportal, im Tympanon der Tierkreis.

Die Basilika St-Lazare

Megalithisches Kult- und Orientierungsnetz

Avallon, Frankreich (Yonne)
St-Lazare
Basilika aus dem 12. Jahrhundert, Mittelportal, Tympanon mit Tierkreis und den Jahresarbeiten;
Avallon liegt an der Pilgerstraße nach Santiago de Compostella.

Die Kathedrale St-Lazare

Autun, Frankreich (Saône-et-Loire)
Kathedrale St-Lazare
Der Ort Autun liegt 287 m über NN, Autun ist das alte römische Augustodunum, eine der größten Städte im lugdunensischen Gallien, Sitz einer Druidenschule, größtes römisches Theater in Gallien; 1094 Konzilstadt; im Tympanon des Westportals der Tierkreis und die Monatsarbeiten.

Sternenstraßen der Vorzeit

Chartres, Frankreich Kathedrale Notre-Dame-de-Chartres
(Eure et Loire) Darstellung der Zwillinge und eines Fisches am rechten Seitenportal;
im linken Portal des Königsportals die restlichen zehn Tierkreiszeichen.

Die Kathedrale Notre-Dame-de-Chartres, Königsportal, Westfassade

Megalithisches Kult- und Orientierungsnetz

*Königsportal, Westfassade, linkes Portal:
zehn Tierkreiszeichen*

*Königsportal, Westfassade, rechtes Portal:
Tierkreis Zwillinge und ein Fisch*

Megalithisches Kult- und Orientierungsnetz

St. Gereon: Tierkreis-Bodenmosaik

Köln, Deutschland	St. Gereon Der Ursprung gründet auf einem römischen Mithraeum mit Gräberfeld; christlicher Nachfolgebau: Beginn zirka 4. Jahrhundert, in der Krypta: Fußbodenmosaik mit den Tierkreiszeichen.
Lausanne, Schweiz	Kathedrale Hier befindet sich ein Tierkreis in der Rose.

Kathedrale von Lausanne: Tierkreis in der Rose

Megalithisches Kult- und Orientierungsnetz

Paris, Frankreich   Kathedrale Notre-Dame
Tierkreis in der Westrose.

*Kathedrale Notre-Dame (1200–1250), Westfassade:
Tierkreis in der Westrose*

Reims, Frankreich   St-Rémi
Abteikirche (1049) mit zwölf Tierkreiszeichen

Megalithisches Kult- und Orientierungsnetz

Aus dieser Aufstellung frühchristlicher Kirchenbauwerke ergibt sich, daß der Tierkreis nur in oder an außerordentlich bedeutenden frühen christlichen Kirchenbauwerken auftritt. Zusätzlich besitzen alle angeführten Orte und Kirchenbauwerke einen Kultvorlauf, der weit in die vorchristliche Frühgeschichte ihres Umfeldes zurückreicht. Das Stonehenge/Wormbach-System nutzte diese Indikatoreigenschaft des Tierkreises für seine endgültige Gestaltung ebenfalls.

Das Auftreten des Tierkreises in oder an frühchristlichen Kirchen ist somit ein entscheidender Hinweis auf eine an den dortigen Ort gebundene bedeutende Kultvorgeschichte (s. GLV, S. 157).

Gemäß der Empfehlungen der Päpste besetzten die missionierenden Priester die Orte mit einem bedeutenden heidnischen Kultvorlauf oder einer bedeutenden Kultstellung zuerst demonstrativ mit einer christlichen Kapelle, und die christliche Kultbedeutung dieses Ortes weiterführend, entstanden hier Zentren der christlichen Hierarchie wie Bischofssitze und bedeutende Klöster. Die aus der Missionierungsphase anstehenden Kapellen wurden später zu großartigen Basiliken und Kathedralbauwerken aufgewertet.

Diese praktizierte Kultökonomie erfüllte in dankenswerter Weise die Erhaltung von uralten Kulträumen und ihrer zugehörigen Geschichte und fügt sich in den Verlauf der Kultstättenkontinuität folgerichtig ein. Dieses Ergebnis läßt sich in die nachstehende gesetzmäßige Aussage fassen:

Der Tierkreis, der in frühchristlichen Kirchen
und Klöstern auftritt, ist ein Kultstättenindikator und
Hinweis zur Wiederauffindung des megalithischen
west- und mitteleuropäischen Kult- und Ordnungs-
netzes, dem Stonehenge/Wormbach-System.

7. Kapitel

Kurzbeschreibung Frühgeschichtlicher Kultorte

Santiago de Compostella, Spanien

Geographische Breite: 42,88° N
Geographische Länge: 8,53° W
Ablage: 0 km, Höhe über NN: 264 m

Santiago de Compostella ist der südwestliche Eckpunkt der West/Ost-Sternenstraße 1. Ordnung auf der geographischen Breite von 42,88° Nord im megalithischen Stonehenge/Wormbach-System.

Die Kelten sind um 700 bis 500 v. Chr. bei ihrer Ausbreitung über ganz Mittel- und Südeuropa auch in den Nordwesten der Iberischen Halbinsel eingedrungen. Keltische Volksgruppen siedelten nachweislich im Zentrum und im Nordwesten der Iberischen Halbinsel. Keltische Höhensiedlungen (castros), befestigt mit Wällen oder Steinmauern, hatten rechteckige bis ovale Formen. Menschliche Köpfe und Schädel wurden als Kult- und Schmuckstücke in Heiligtümern und an Häusern in Pfeilernischen eingefügt. Steinplastiken enstanden in monumentaler Größe und Form, so im Süden Frankreichs in dem Heiligtum von Roquepertus, im Westteil der Rhonemündung gelegen, und auf der Iberischen Halbinsel. Bei den Ausgrabungen in keltischen Kult- oder Siedlungsschwerpunkten finden sich immer auch größere Bestattungsplätze. Diese Bestattungsplätze bilden auch heute noch die wichtigsten Quellen zu der Kult-, Kultur- und Sozialwelt der Kelten. Hieraus und aus anderen Überliefe-

Megalithisches Kult- und Orientierungsnetz

rungsquellen ist bekannt, daß die Kelten eine intensiv kultisch ausgeprägte Vorstellung von einem Leben nach dem Tode entwickelt hatten. Diese Erkenntnis drückte sich in ihren Bestattungsformen aus und konnte deshalb aufgefunden werden.

In späterer Zeit, im 3. Jahrhundert v. Chr., verflachte die auffallende Sorgfalt einer individuellen Bestattungsform und machte ausgedehnten und offensichtlich allgemeineren Bestattungsfeldern Platz.

Auf der Iberischen Halbinsel entwickelten sich im 7. bis 5. Jahrhundert v. Chr. sehr komplizierte völkische Strukturen. In den südlichen Küstenzonen entstanden vorwiegend griechische beziehungsweise karthagische Kolonien.

Livius weist im 2. Jahrhundert v. Chr. im Nordwesten der Iberischen Halbinsel die Kelten, die Celtiberi, als dort ansässig aus. Ihr Name ist zum Beispiel in dem Namen der spanischen Nordwestregion, Galicien, bis heute erhalten geblieben. Die Kelten, die sich nach Ost-, Mittel- und Westeuropa ausbreiteten, wurden von den Griechen »keltoi« und von den Römern »Galli« genannt.

Im Nordwestbereich der Iberischen Halbinsel liegt die Hafenstadt La Coruña (römisch: Brigantium). Die Gründung von La Coruña ist nicht eindeutig allein als keltisch gesichert. Brigantium lag aber im keltischen Siedlungsraum Gallaeci, ebenso die Hafenstadt Noya südlich von Cabo Finisterre.

Quellen hierzu sind Berichte von Griechen und Römern, Funde aus der Archäologie und mündlich überlieferte einheimische Traditionen. Römische Soldaten zum Beispiel übernahmen von den Kelten und Iberern u. a. die Reiterspiele und die enganliegenden keltischen Hosen.

Santiago de Compostella liegt in Galicien, in dem einstigen nordwestiberischen keltischen Siedlungsraum. Es ist gesichert, daß in diesem Raume die Kelten und später die Römer ansässig waren. Bei Grabungen in neuerer Zeit wurde vier Meter unter dem Pflaster der Kathedrale von Santiago de Compostella ein größeres frühgeschichtliches Gräberfeld gefunden.

Weiterhin wurden Reste einer größeren Ansiedlung aus der Römerzeit – oppidum – mit Bädern, ein Mausoleum und ein weiteres großes Bestattungsfeld ausgegraben.

Hieraus folgt, daß sich das heutige Santiago de Compostella bereits auf einen weit in die Frühgeschichte zurückreichenden Siedlungsraum, d. h. sogar auf einen vorkeltischen Kultraum gründet (Bottineau 1980). Der Raum von Santiago de Compostella bot in vielfältiger Art ideale Voraussetzungen für eine Ansiedlung: u.a. Wasser, Erzlagerstätten und gute Zugangswege zur Küste, wie heute die Häfen La Coruña, Padrón und Noya beweisen. Diese Eigenschaften trugen zu der sehr frühen Besiedlung entscheidend bei.

Relief: Keltiberischer Krieger, Osuna, 1. Jh. v. Chr. (Cunliffe, S. 131)

Megalithisches Kult- und Orientierungsnetz

Santiago de Compostella, Kathedrale

Die Kelten führten ihre Bestattungen nicht an irgendeinem beliebigen Ort durch, sondern immer in oder an ihren Kultstätten. Die vorgenannten Grabungsergebnisse unter der Kathedrale von Santiago de Compostella und im näheren Umfeld beweisen wieder einmal mehr das Gesetz der Kultstättenkontinuität.

Der Raum Santiago war schon zu den Zeiten der frühen Megalithiker ein bedeutender Kultraum. Schon zu dieser Zeit sind die geistigen Lenker und Lehrer dieser Völker zu dem Kultort auf der Sternenstraße »gepilgert«. Erkenntnisse und Erfahrungen wurden hier zeremoniell ausgetauscht und weitergetragen.

*Jakobus der Ältere erscheint Karl dem Großen im Traum,
Detail Sternenstraße, Karlsschrein, Dom zu Aachen*

Megalithisches Kult- und Orientierungsnetz

Die praktisch über Jahrtausende gegebene kultische Bedeutung dieses Gebietes in und um Santiago de Compostella fand in jedem maßgeblichen Kultabschnitt die entsprechende inhaltliche Ausformung des immer schon vorhanden geistigen Inhaltes dieses »Ortes der Kraft« (s. GLV, S. 197 ff.).

Eine derartig nüchterne zeitliche Darstellung des Raumes von Santiago de Compostella anhand der wissenschaftlich gesicherten Fakten mindert nicht den geistigen Wert und den Charakter des heutigen bedeutenden christlichen Pilgerortes. Wir sollten vielmehr heute hierin die Kontinuität eines durch die Jahrtausende weitergereichten geistigen europäischen Kulturgutes erkennen und schätzen.

Jakobus der Ältere weist Karl dem Großen die Sternenstraße nach Compostella. Detail Sternenstraße, Karlsschrein, Dom zu Aachen

Sternenstraßen der Vorzeit

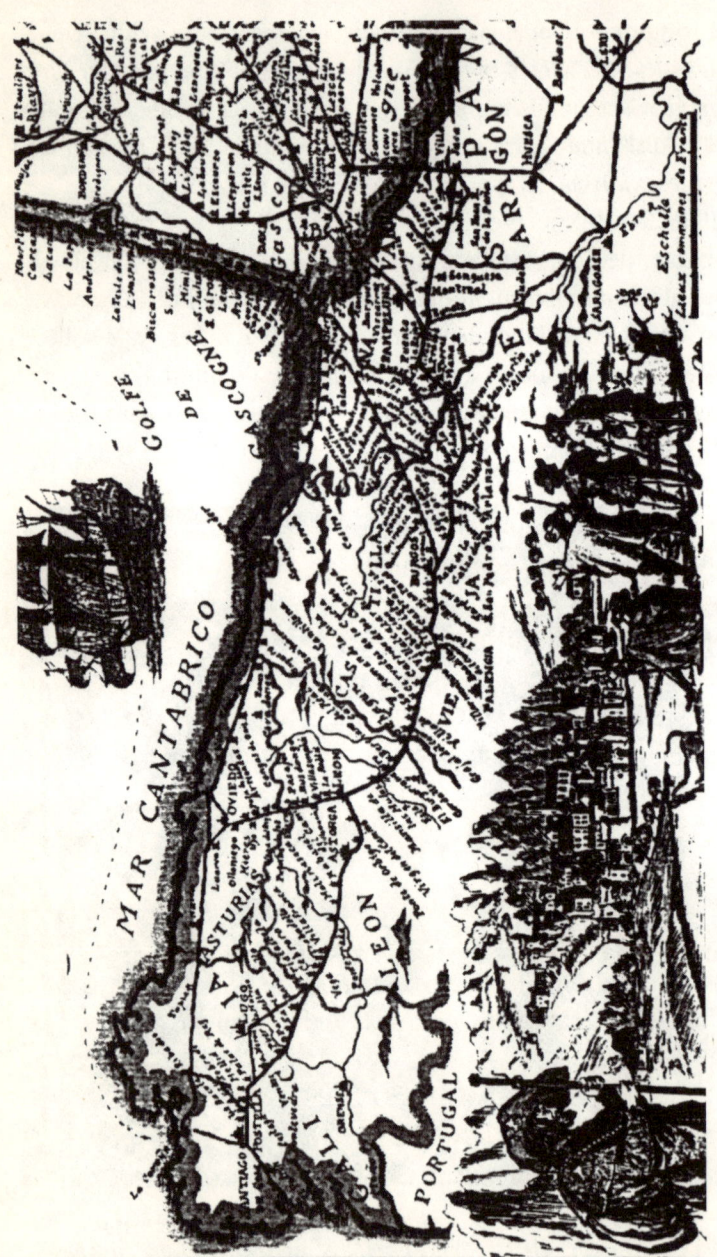

Jakobuspilgerwege nach Santiago de Compostella, Karte von 1648

Megalithisches Kult- und Orientierungsnetz

St. Odilienberg bei Roermond, Niederlande

Geographische Breite: 51,14° N
Geographische Länge: 6,00° O
Ablage: -3,3 km, Höhe über NN: 80 m

Auf der West/Ost-Sternenstraße 1. Ordnung 51,18° Nord, ausgehend von der Insel Lundy und Stonehenge über Wormbach, liegt bei der niederländischen Stadt Roermond die kleine Ortschaft St. Odilienberg mit den o.g. Koordinaten.

Dieser Ort ist Ausgangspunkt für die längengradorientierte Nord/Süd-Kult- oder Nord/Süd-Sternenstraße 1. Ordnung auf der geographischen Länge 6,0° Ost.

Der Name der Ortschaft bezieht sich auf einen schon in vorchristlicher Zeit bekannten Kultplatz, der sich noch heute als ein auffallender 10 bis 14 m hoher Hügel an der Roer in einer an sich ebenen Landschaft des Maas-Roertales erhebt.

Ursprünglich ist dieser Hügel sicherlich um 5 bis 10 Meter höher gewesen. Bei verschiedenen christlichen Baumaßnahmen erfolgten mehrere Abtragungen zum Zwecke der Einebnung für die erforderlichen Baumaßnahmen.

1880/1883 wurden bei Restaurierungsarbeiten an der Kirche Reste römischer Bauelemente gefunden. Die Christianisierung, die in diesem Raum um 700 n. Chr. begann, hat diesen vorhandenen Kultplatz gemäß der Empfehlung der Päpste übernommen und im christlichen Sinne – Kultstättenkontinuität – weitergeführt. Aus dem vorchristlichen Kult hat sich bis in die heutige Zeit zum Beispiel der Brauch erhalten, alljährlich am Fuße des Hügels einen Maibaum zu errichten, um damit den Beginn des Frühlings zu feiern.

Im Jahre 705 oder 750 n. Chr. werden durch Pipin in einer Schenkungsurkunde drei männliche Heilige, eine Trias, Wiro, Plechelmus und Otgerus, erwähnt. Hierbei soll es sich um angelsächsische Missionare gehandelt haben, die diesen Raum maßgeblich christianisiert haben.

Eine erste christliche Kirche oder Kapelle wurde um 750 n. Chr. dem Heiligen Petrus geweiht. Aus den bisherigen Forschungen ist nicht sicher, welche von den Jahreszahlen – 705 oder 750 n. Chr. – zutreffend ist. Sollte es sich um 705 n. Chr. handeln, könnte es kein karolingischer Pipin gewesen sein, sondern diese Schenkung müßte noch von einem Herrscher erfolgt sein, der der endenden merowingischen Herrschaft zuzurechnen ist.

Sollte es aber 750 n. Chr. gewesen sein, dann wäre Pipin der Kurze, also ein erster Karolinger, der Schenkende. Für eine merowingische Schenkung könnten aber auch die neueren

St. Odilienberg, Basilika

Megalithisches Kult- und Orientierungsnetz

Ausgrabungsergebnisse aus den Jahren 1949/1950 sprechen. Es wurden nämlich ältere Fundamente unter den jetzigen Fundamenten der Basilika gefunden, die auf das 9. Jahrhundert zu datieren sind. Außerdem wurde ein roter Mörtelboden freigelegt, der von römischen und auch von merowingischen Baumeistern oft verwendet worden ist. Zusätzlich wurde ein Grab gefunden, in dem ebenfalls der gleiche rote Mörtel verarbeitet worden ist.

Durch dieses Grabungsergebnisse wäre eine gewisse zeitliche Kontinuität der Kultanlagen auf dem St. Odilienberg über die

Matronen-Tempelfundamente in Xanten

merowingische Ära von 481 bis 751 n. Chr. und weiter zurück bis zu den Römern aufgedeckt.

Während der Regierungszeit Karls des Großen unterstand der Hügel direkt der königlichen oder kaiserlichen Verwaltung!

Bei der nach dem Tode Karls erfolgten Reichsteilung erhielt Lothar I. den Bereich zwischen Maas und Rhein, dessen Sohn Lothar II. schenkte 858 den Hügel mit einer christlichen Kapelle oder Kirche dem Bischof von Utrecht. Normannen zerstörten im folgenden Jahrhundert die christlichen Einrichtungen auf dem St. Odilienberg. In der zweiten Hälfte des 10. Jahrhunderts wurde die Kirche oder Kapelle durch den Bischhof von Utrecht wieder aufgebaut. Im Verlauf des 12. Jahrhunderts – um 1240 –, dem Zeitabschnitt des Beginns einer breit einsetzenden offiziellen Marienverehrung, erhielt der Ort, der sich schon zu einer bedeutenden christlichen Kultstätte entwickelt hatte, den Namen St. Odilienberg. Die Namensgebung erfolgte in bezug auf die Heilige Odilie, eine der Jungfrauen aus dem Gefolge der Heiligen Ursula aus Köln.

Matronen-Tempel in Pesch, Eifel, Rekonstruktion

Megalithisches Kult- und Orientierungsnetz

1437 erfolgte die Stiftung eines Frauenklosters an den Orden vom Heiligen Grab.

Um 1630 wurden schon zwei kirchliche Bauten auf dem Hügel erwähnt, die Marienkapelle – offensichtlich die älteste christliche Anlage – und eine Kirche, die direkt im Anschluß an die Marienkapelle gelegen ist.

1686 wurde die restaurierte Kirche der männlichen Trias, den Heiligen Wiro, Plechelmus und Otgerus geweiht. Unabhängig von dieser kirchlichen Weihung wurden aber auch hier noch andere Heilige verehrt.

Heute erhebt sich auf dem St. Odilienberg eine den Hügel und den kleinen Ort fast vollständig vereinnahmende Basilika und die sich daran anschmiegende kleine Marienkapelle.

Aus dieser kurzen, sehr lückenhaft überlieferten Geschichte zeichnet sich aber doch unübersehbar ab, daß der Ort beziehungsweise der Hügel bereits in frühester Zeit eine Kultstätte von Bedeutung gewesen sein muß. Die Christianisierung hat – wie auch bei anderen bedeutenden heidnischen Kultstätten – diese Kultstätte übernommen und, modifiziert in christlichem Sinne, weitergeführt.

Der Schluß, daß das heutige St. Odilienberg schon in vorchristlicher Zeit eine bedeutende Kultstätte des indogermanischen Drei-Jungfrauen-Kultes und späteren gallo-germanisch-römischen Drei-Matronen-Kultes gewesen ist, ist sicherlich aus den vorstehenden und den folgenden Fakten zulässig.

Zur Unterstützung dieser Schlußfolgerung sei festgestellt, daß gerade der niederrheinische Raum nachweislich noch bis zum Jahre 600 n. Chr. ein Schwerpunkt des Matronen-Kultes gewesen ist. Die frühe Christianisierung ersetzte im ersten Anlauf die keltisch-germanische Trias der Drei Frauen durch eine männliche Trias, nämlich Wiro, Plechelmus und Otgerus. Im Volksmund und Volksglauben sind die Drei Frauen oder Matronen aber erhalten geblieben. Folglich übernahm der neue christliche

Frauenkult, die um 1200 einsetzende Marienverehrung, diesen Kultstellenwert der Drei Frauen. Wie im französischen Elsaß ersetzte aus dem Jungfrauengefolge der Heiligen Ursula auch hier eine der christlichen Heiligen Jungfrauen diese Position.

Im Elsaß und an der Roer wurden somit bedeutende, weit in die Vorzeit zurückführende vorchristliche Kultstätten des indogermanischen Drei-Frauen-Kultes durch die Heilige Odilie ersetzt. Hieraus ergibt sich folgerichtig: Das niederländische St. Odilienberg wird nicht nur durch seine gleiche geographische Breite, auf der West/Ost-Kult- oder Sternenstraße 1. Ordnung Stonehenge-Wormbach gelegen, als bedeutend ausgewiesen, sondern zusätzlich wird durch die christianisierte Benennung die kultische Verwandschaft/Beziehung zu dem einstmals hier bezeugten indogermanischen Drei-Frauen-Kult aufgezeigt.

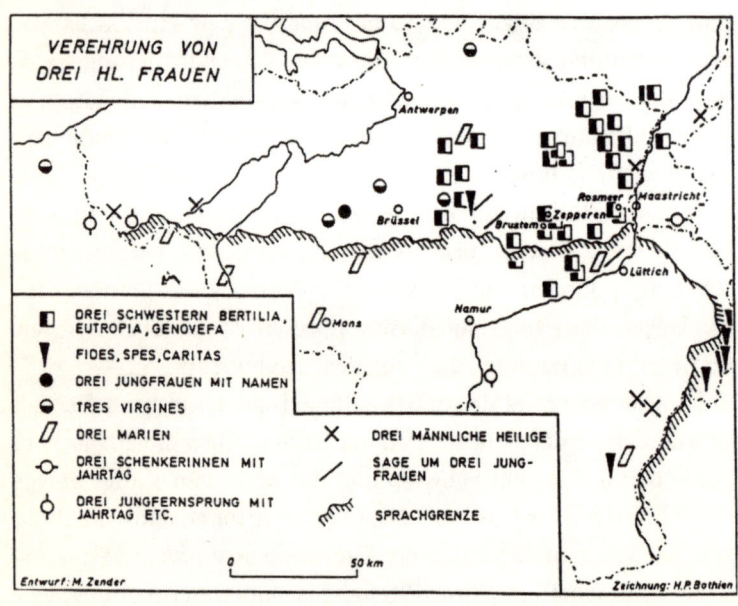

Drei-Frauen-Kult im belgisch-niederländischen Grenzgebiet
(M. Zender)

Megalithisches Kult- und Orientierungsnetz

St. Odilienberg bei Obernai, Frankreich

Geographische Breite: 48,43° N
Geographische Länge: 7,45° O
Ablage: -3,3 km, Höhe über NN: 830 m

Die Verehrung von Muttergottheiten führt weit in die Frühgeschichte zurück und läßt sich auch in der Frühgeschichte der nordischen Völker finden. Im Verlauf der Ausbreitung des frühen Christentums wurden diese alten Kultformen der Muttergottheiten verdrängt. Eine völlige kultische Ausschaltung gelang aber nicht. Folgerichtig wurde auf dem Konzil von Ephesus, 451 n. Chr., diese christliche Kultlücke dadurch geschlossen, daß Maria, die Mutter Jesu, an die Kultposition der nicht zu umgehenden Muttergottheiten gesetzt wurde. Langsam und unter dem Druck der kirchlichen und weltlichen Macht setzte sich dann die Marienverehrung durch, wie dies auch in der Kunst zu verfolgen ist. Fast zur gleichen Zeit, nämlich 452 n. Chr., soll dann das Martyrium der Heiligen Ursula und der sie begleitenden Jungfrauen in Köln stattgefunden haben. Der eigentliche Durchbruch der Marienverehrung erfolgte aber erst um 1200 n. Chr.

Kelten, Gallier und Germanen verehrten schon immer Muttergottheiten. Somit kam es im west- und mitteleuropäischen Raum zu einer stetigen Konfrontation zwischen den im Volkstum verankerten Muttergottheiten, der Drei Jungfrauen, der Drei Bethen, der Drei Matronen, und der Christianisierung.

Man kann sicherlich hieraus folgern, daß die Christianisierung an Schwerpunkten der Verehrung dieser Muttergottheiten die Jungfrau Maria entgegensetzte mit ihren sich auf sie beziehenden weiblichen Heiligen wie Ursula und ihr Jungfrauengefolge.

Der Jungfrauen-Kult in seiner christianisierten Modifikation wird am treffendsten aus der Legende der Heiligen Ursula ersichtlich. Namen ihrer Begleiterinnen wie Aurelia, Odilie und andere tauchen in verschiedenen christlichen Verehrungszentren auf, so zum Beispiel in Straßburg. Die vorchristlichen Kultvorstellungen der Kelten und Germanen, die sich zeitlich über Tausende von Jahren bis in einen indogermanischen Kultvorlauf zurückverfolgen lassen, waren nicht so einfach aus der Volksseele zu löschen. Beweis hierfür ist die noch heute in der katholischen Kirche anzutreffende Verehrung der Drei Jungfrauen oder der Drei Bethen, ohne daß eine offizielle Aufnahme/Registrierung in die Heiligenverzeichnisse der Kirche erfolgte.

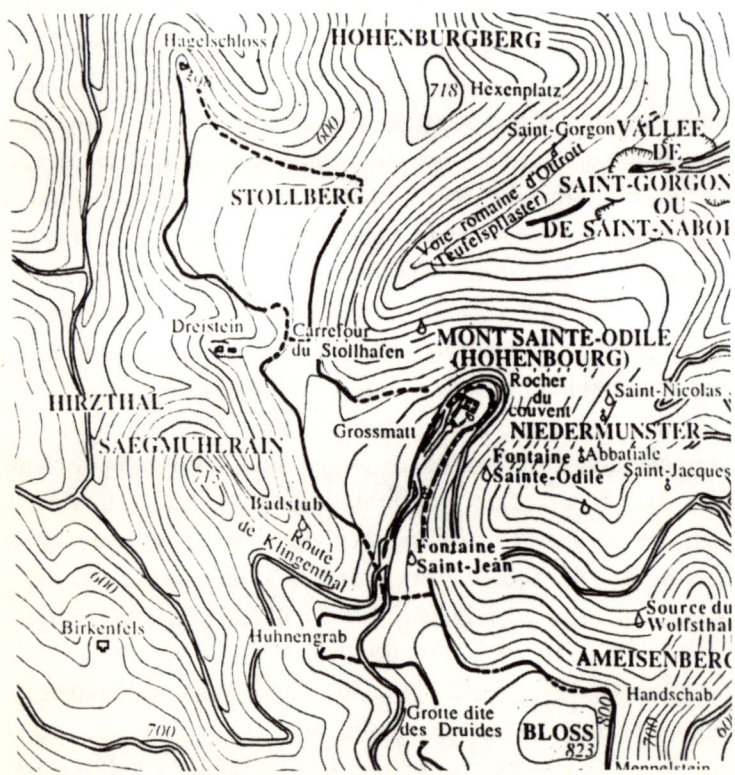

Mont Sainte-Odile im Elsaß; Topographie

Megalithisches Kult- und Orientierungsnetz

In den christlichen Kultbereich der Heiligen Frauen gehört auch die Heilige Odilia oder Odilie, die am gleichen Tage wie die Heilige Lucia verehrt wird. Beide stehen in enger Verwandtschaft zum Lichte und der Sonne und werden zum Beispiel bei Augenleiden um Hilfe angerufen. Die Heiligtümer der Heiligen Odilie liegen meistens an Quellen oder auf Bergen.

St. Odilienberg bei Obernai, auf der West/Ost-Sternenstraße 1. Ordnung liegend, erfüllt diese Kultstättenbedingungen von alters her.

Im direkten Nahfeld befindet sich eine Druidengrotte, im Volksmund Hühnengrab genannt, ein Hexenplatz, ein Teufelspflaster und mehrere heilwirksame Quellen.

Diese Quellen sind der Heiligen Odilie, dem Heiligen Johannes und dem Heiligen Nicolas zugeordnet worden. Die Kapelle mit der Abtei des Heiligen Jakobus kennzeichnet zusätzlich den Odilienberg als eine hochrangige vorchristliche keltisch-germanische Kultstätte mit einem wichtigen Zentralort auf dem St. Jakobuspilgerweg nach Santiago de Compostella.

Funde, die dem Neolithikum und der Bronzezeit zuzuordnen sind, weisen auf die schon zu allen Zeiten gegebene Kultbedeutung des heutigen Mont Sainte-Odile hin.

Die Gründung des Klosters Mont Sainte-Odile soll durch den Merowingergrafen Eticho, dem Vater der Heiligen Odilie, im 7. Jahrhundert beziehungsweise zu Beginn des 8. Jahrhunderts erfolgt sein.

Die Darstellung der Stiftung durch den Merowingergrafen Eticho zeigt auch die religiöse Zielsetzung der Stiftung auf: die Erhöhung der Jungfrau Maria zur Rechten des Gottessohnes. Hierin zeigt sich die kirchliche Vorgabe der Weihung und Verehrungsbedeutung. Das Kloster Hohenburg, der Mont Sainte-Odile, wird zu einer bedeutenden Stätte der Marienverehrung erhoben, d.h. im christlichen Sinne umgewandelt (Kultstättenkontinuität). Dieser Vorgabe dienen die Jungfrauen um die

Heilige Odilie. In unmittelbarer Nähe, in Straßburg, findet sich eine entsprechende christianisierte Variante der Drei Jungfrauen mit den Namen Fides, Spes und Caritas. Diese christlichen Drei Jungfrauen stehen aber unübersehbar als die christianisierten Nachfolgerinnen für den indogermanischen, keltisch-germanischen Drei-Frauen-Kult der Drei Bethen Ambede, Worbede und Wilbede (s. GLV, S. 63 ff.).

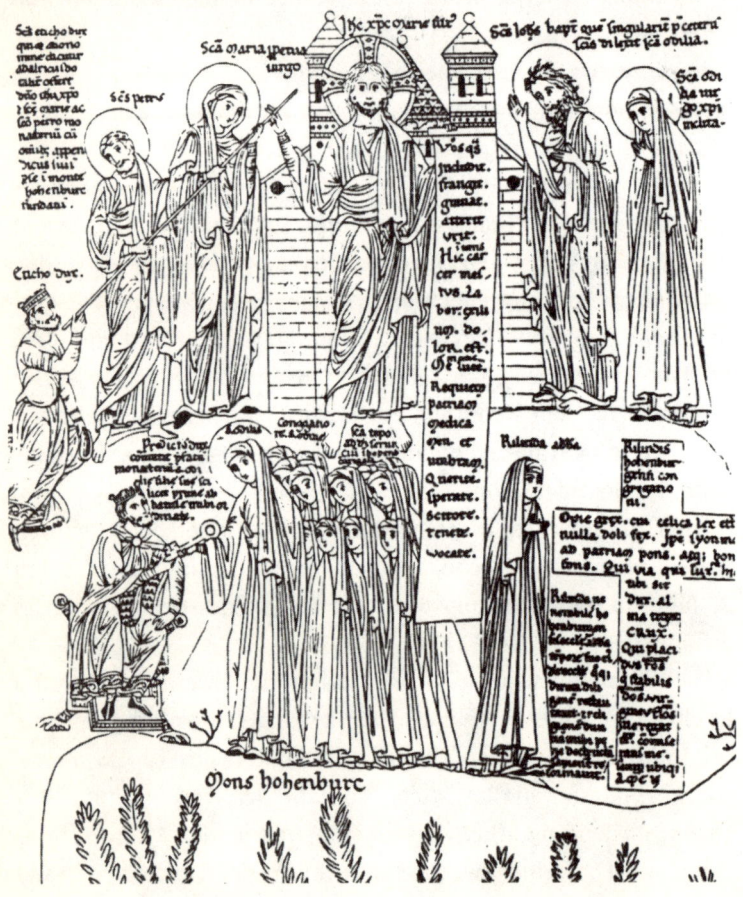

Stiftung des Klosters/der Abtei durch Graf Eticho aus: Hortus deliciarum (11/12. Jh.)

Megalithisches Kult- und Orientierungsnetz

Von diesem Kult leitete sich der Drei-Matronen-Kult im germanisch-römischen Kult-Kontaktbereich des Niederrheins, von Köln/Bonn ausgehend, ab. Die analogen Beziehungen zu St. Odilienberg bei Roermond in den Niederlanden sind offensichtlich. Beide Kultorte liegen exakt auf 51,18° Nord beziehungsweise 45,60° Nord, d.h. auf einer West/Ost-Sternenstraße 1. Ordnung des Stonehenge/Wormbach-Systems.

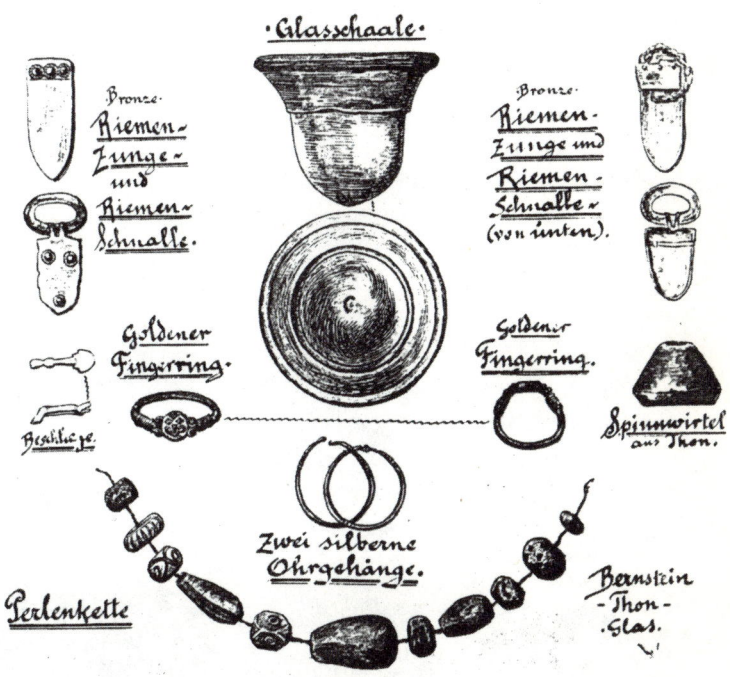

Fundstücke aus einem merowingischen Frauengrab, Odilienberg, Frankreich (7. Jh.)

Voudemont, Frankreich

Geographische Breite: 48,39° N
Geographische Länge: 6,07° O
Ablage: – 2,2 km, Höhe über NN: 492/541 m

Auf dem Kreuzungspunkt zwischen der West/Ost-Sternenstraße 1. Ordnung auf der geographischen Breite 48,41° Nord und der Nord/Süd-Sternenstraße 1. Ordnung auf der geographischen Länge 6,0° Ost liegt im Westbereich Lothringens der Signal de Voudemont mit einer Höhe von 541 Metern. Voudemont heißt zu deutsch Wodansberg. Die Tatsache, daß sich der Name des höchsten Gottes der Germanen, Wotan, gegen alle Bemühungen

Voudemont bei Sion-Lorraine, Blick von Nordosten

der Christianisierung bis heute hier erhalten hat, spricht für eine ganz tief im Volkstum und damit im Bewußtsein verankerte Kultbedeutung des Signal de Voudemont. Bereits vor der Christianisierung war die sich aus einer weiten, ebenen Hochfläche unübersehbar und abrupt herausbildende Erhebung, der Voudemont, ein Heiligtum des gallisch-germanischen Volksstammes der Leuques. Verehrt wurde hier der germanische Hauptgott Wotan und die gallische Gottheit, eine Göttin der Fruchtbarkeit, die Rosmertha.

Da in Gallien die Verehrung von Muttergottheiten in hohem Ansehen stand, kann die namentlich überlieferte Fruchtbarkeitsgöttin Rosmertha in den Kreis der allseits verehrten Drei-Muttergottheiten des Drei-Jungfrauen-Kultes eingebunden werden.

Die nach Gallien und Germanien vordringenden Römer erreichten nachweislich bereits im 1. vorchristlichen Jahrhundert den Voudemont und ersetzten die dort angetroffene Hauptgottheit der Germanen, Wotan, durch ihren Gott Merkur.

Sternenstraßen der Vorzeit

Daten und Fakten aus der Geschichte des Voudemont:

101–44 v. Chr.	Kelten, Leuques (Germanen?) und Gallier lebten um Sion in der Nähe der Tempel des Wotans und der Rosmertha. 1989 gelang die Auffindung eines keltischen Wagens. Die Römer bauen Voudemont zu einem religiösen, militärischen und kommerziellen Zentrum aus. Merkur-Verehrung. Beweis: galloromanische Funde.
1.–4. Jh. n. Chr.	Intensive Besetzung durch die Römer. Die große Ebene um den Voudemont wird als »pagus segetensis« bezeichnet. »Segetes« bedeutet Getreideernte. Ist das die Namensbasis für die heutige Bezeichnung Sion? Möglich ist jedoch auch eine Anlehnung an den heiligen Berg Zion.
5. Jh. n. Chr.	Erste gesicherte Anzeichen einer Christianisierung. Beweis: Auffindung einer Begräbnisplatte mit dem Hinweis, daß der Verstorbene seine Grabstätte im Sinne der christlichen Lehre gefunden hat. Die Taufe des Frankenkönigs Chlodwig, Herrscher in dieser Region, zeigt, daß die Christianisierung in Gallien umfassend geworden ist.
6. Jh. n. Chr.	Der eingeführte Marienkult verdrängt die alten Götter. Die Merowinger bestatten in großen Sarkophagen ihre bedeutenden Verstorbenen in den alten römischen Anlagen am Voudemont.

Megalithisches Kult- und Orientierungsnetz

8.–9. Jh. n. Chr.	Voudemont wird bereits zu einem Pilgerzentrum.
10. Jh. n. Chr.	Sion-Voudemont wird dem Orden der Chanoines zugeordnet; Steigerung in der Marienverehrung.
1627	Einsetzung eines christlichen Ordens, Konvents.
1792	Aufhebung des Konvents durch die Revolution.

Die bereits aufgezeigte Beziehung des Voudemont-Heiligtums zu dem indogermanischen Drei-Frauen-Kult kann aus der Christianisierungsparallele, d. h. daß der christlichen Marienverehrung die keltisch/germanische Muttergottheiten- beziehungsweise Jungfrauen-Verehrung vorausgeht, ebenfalls auf den Voudemont im Sinne dieser Kultstättenkontinuität übertragen werden.

Der Volksmund erzählt eine Vielzahl von Sagen und Legenden um den Voudemont, so zum Beispiel die Legende der Jungfrau von Voudemont, die im folgenden kurz dargestellt wird:

Ein junges Mädchen, Agnes, Isabell oder Marguerite genannt, lebt auf dem Voudemont. Ein Reiter belauert abends die Jungfrau. Der Reiter ist schnell und beginnt, sie einzuholen. In ihrer Not und Angst ruft sie die Jungfrau Notre-Dame-de-Sion an. Agnes springt mit ihrem Pferd in einen tiefen Abgrund, überlebt und gelangt unversehrt nach Voudemont. Der Reiter, der sie verfolgt, kommt zu Tode.

Der Ort heißt heute noch der »Sprung der Jungfrau«. In dem nachstehenden Lageplan ist dieser Ort als »Saut de la Pucelle« aufgeführt. Weiterhin weist der Lageplan einen Sternenplatz,

Sternenstraßen der Vorzeit

Signal de Voudemont, Frankreich, Wodansberg, Blick nach Norden

Megalithisches Kult- und Orientierungsnetz

den »Carrière aux étoiles«, und einen Begräbnisort merowingischer Fürsten, den »Emplacement du cimetière merovingien«, auf.

Auf gleicher West/Ost-Sternenstraße 1. Ordnung liegt bei Obernai im Elsaß der St. Odilienberg, ebenfalls eine uralte Kultstätte. Dieser elsässische St. Odilienberg ist von den Merowingern kultisch maßgeblich im Sinne der Kultstättenkontinuität und der Christianisierung gestaltet worden.

Zusammenfassend ist der Signal de Voudement eine Kultstätte mit einer weit in die Frühgeschichte zurückreichenden, sein Umfeld prägenden Bedeutung. Dieses Umfeld kann umschrieben werden von Santiago de Compostella in Spanien über Stonehenge in England, Wormbach und Breslau in Deutschland,

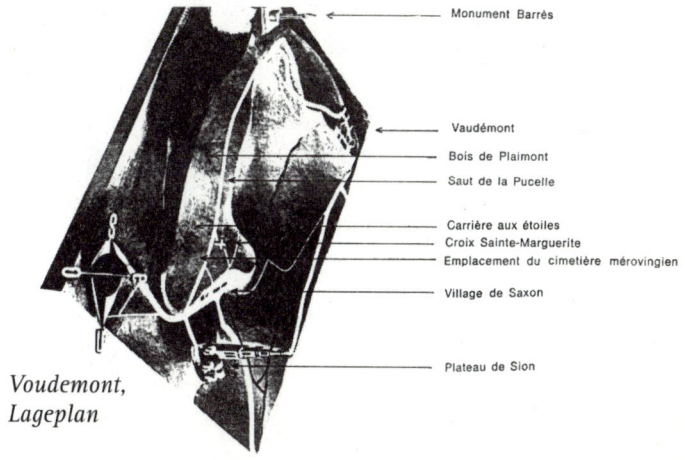

Voudemont, Lageplan

Santuario d'Oropa und Sacra Mt. Michele in Italien bis nach Puente la Reina in Spanien.

Signal de Voudemont war ein Kultberg von hohem Rang und ein zentraler Orientierungspunkt im megalithischen Stonehenge/Wormbach-System, dem west- und mitteleuropäischen Netzwerk.

Maurice Barrès (1913) bezeichnet den Voudemont als »La colline inspirée«, als den »erleuchteten Berg« oder als »Berg der Erleuchtung«.

Middelkerke/Westende, Nieuwpoort, St. Idesbald, Belgien

Geographische Breite: 51,17 – 51,1° N
Geographische Länge: 2,79 – 2,60° O
Ablage: -1,1 km, Höhe über NN: 0 m

Im Bereich der belgischen Küste zwischen Middelkerke/Westende, Nieuwpoort und St. Idesbald erreicht die West/Ost-Sternenstraße 1. Ordnung 51,18° Nord des Stonehenge/Wormbach-Systems das europäische Festland. Der Küstenverlauf ist in den letzten 7000 Jahren mannigfaltigen Veränderungen durch Ansteigen und Abfallen des Meeresspiegels unterworfen gewesen.

Diese Zone der heutigen Küstenorte ist nachweislich bereits in gallo-römischer Zeit bewohnt gewesen. Römische Bauwerke konnten ausgegraben werden. Die Strukturen und der Flächenumfang dieser Bauwerke lassen ein größeres Zentrum erkennen.

Mit der aus vielen anderen Beispielen einer konsequenten Kultstättenkontinuität abzuleitenden Folgerung wurde die Dünenabtei St. Idesbald auf einer der gallo-römischen Zeit weit vorausgehenden Kult-Siedlungsstätte von hohem Rang errichtet. So wurden bei Grabungen im Nordost-Bereich des Chores der Großkirche Teile eines ausgedehnten Gräberfeldes freigelegt. Die Untersuchungen in diesem Bestattungsbereich ergaben:

1. Die Grablegungen erfolgten in der den nordischen Völkern eigenen Art, d.h. der Kopf ist nach Westen und die Füße sind nach Osten ausgerichtet.

2. Der Zeitabschnitt der Bestattungen ist sehr unterschiedlich. Mönche der Abtei sind hier bestattet worden, aber es sind auch Bestattungen vorgenommen worden, die zeitlich weit vor der Christianisierung gelegen sind.

Megalithisches Kult- und Orientierungsnetz

Diese Kultstätte lokalisierte folglich den Bereich, in dem die megalithische West/Ost-Sternenstraße 1. Ordnung 51,18° Nord das Festland nach Osten erreichte.

Ein solcher Bereich wurde fast zwangsläufig in frühgeschichtlicher Zeit zu einem Kultstättenbereich und hat sich in der Folge bei den dort siedelnden Menschen weiter in einer Kultstätte beziehungsweise in den mündlichen Überlieferungen erhalten.

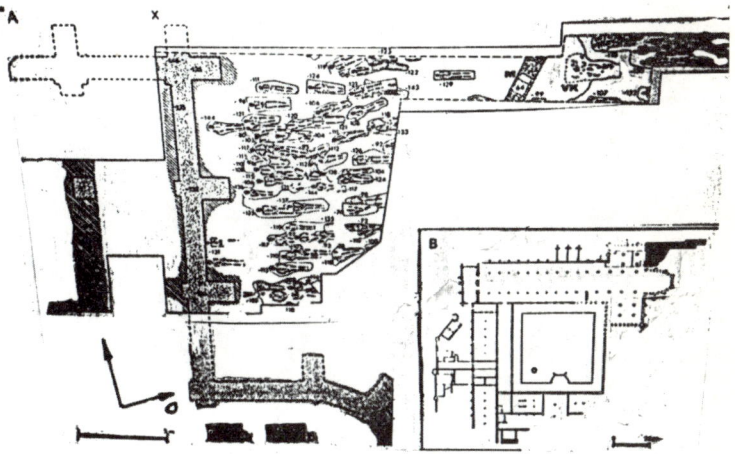

Grundriß der Dünenabtei St. Idesbald mit Gräberfeld; Grundrißmaßstab 1 cm ~ 20 m

Infolge der Christianisierung – einsetzend um zirka 600–700 n. Chr. – wurden sowohl auf den gallo-römischen Kult- und Siedlungszentren als auch auf anderen vorausgehenden Kult- und Siedlungszentren entsprechende gleichrangige repräsentative christliche Folgebauwerke errichtet.

Nur so ist die Erbauung der in ihren Ausmaßen imponierenden Dünenabtei St. Idesbald – zwischen Koksijde und De Panne gelegen – zu erklären. Die Bauwerke der Dünenabtei St. Idesbald entstanden im 12. Jahrhundert auf einem Areal von zirka 400 x 400 Metern.

Sternenstraßen der Vorzeit

Aus der Rekonstruktion zum Beispiel der Hauptkirche, auf der Basis der freigelegten Ruinenreste und anhand von Zeichnungen aus dem Mittelalter, ergeben sich nachstehende Maße: Hauptkirche: Länge zirka 112 Meter, Breite zirka 20 Meter; Kreuzgang zirka 50 x 50 Meter.

Lage der Dünenabtei St. Idesbald (Atlas Explication 1777, Abtei Bornem)

Megalithisches Kult- und Orientierungsnetz

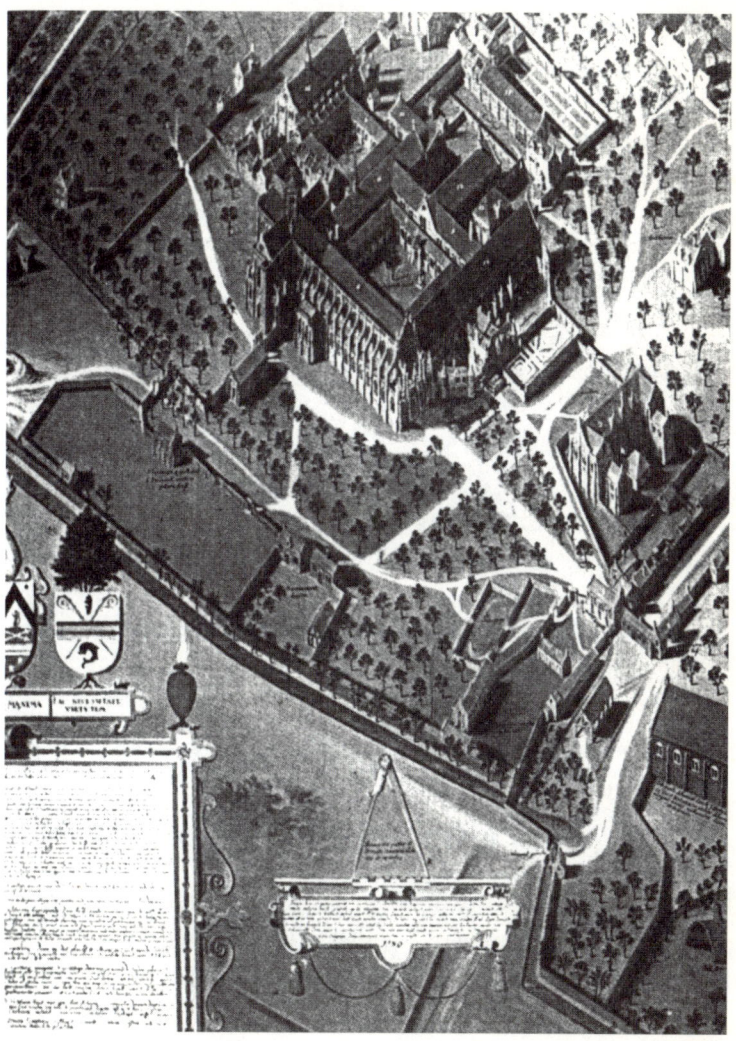

Dünenabtei St. Idesbald und ihre Nebenbauten, Zeichnung (1680)

Chartres, Frankreich

Geographische Breite: 48,43° N
Geographische Länge: 1,47° O
Ablage: -3,3 km, Höhe über NN: 70 m

Chartres ist die Hauptstadt des alten französischen Departements Eure-et-Loir. Chartres hieß zur Römerzeit Autricum, war Hauptort der Karnuten (Carnutes) in Gallia Lugdunensis und eine bedeutende Stätte der Verehrungen der gällischen Muttergottheiten, wenn nicht sogar ihr Zentrum. Chartres liegt auf der West/Ost-Sternenstraße 1. Ordnung 48,6° Nord.

Noch bis zur Mitte des 17. Jahrhunderts wurde in einer Grotte der Krypta ein Kultbild der »Virgo paritura«, der Jungfrau, die gebären wird, verehrt. Dieses Kultbild, Jungfrau mit Kind, so heißt es, sei aber bereits vor der Geburt Christi in Chartres verehrt worden. Die historische Forschung hat kritisch die Existenz dieses Kultbildes und dessen Alter hinterfragt und kam zu dem Schluß, daß sich ein derartiges Kultbild nur bis in das 14. Jahrhundert nachweisen läßt. Ganz offensichtlich hat der Volksmund die Tatsache der einst bedeutenden vorchristlichen Verehrungsstätte der gällischen Matronen oder Muttergottheiten in Chartres über die Christianisierung hinaus wachgehalten. Während der Christianisierung wurde bereits im 4. Jahrhundert in Chartres eine Bischofskirche errichtet, und Chartres entwickelte sich im Verlauf der beginnenden Marienverehrung zu einem der bedeutendsten europäischen Marienwallfahrtsorte.

Megalithisches Kult- und Orientierungsnetz

Virgo Paritura,
S. Rouillard
(Zeichnung 1609)

Auch an dem Beispiel Chartres zeigt sich überzeugend die Realität und die Bedeutung der Kultstättenkontinuität als ein wichtiges gedankliches und sachliches Hilfsmittel zur Aufklärung der Vergangenheit.

Auf dem höchsten Punkt der Stadt steht die fünfschiffige gotische Kathedrale (1020). Der bedeutende Bischof Fulbert gab der heutigen Kathedrale das »bautechnische Gesicht«. Im hohen Mittelalter war die Schule von Chartres ein bestimmender Mittelpunkt des humanistischen Lebens. Ganz sicher stammen aus dieser Schule auch die Impulse zur Gestaltung der Westfassade (1145-1155) mit den drei Königsportalen. In den Königsportalen, in zwei der Tympanons, befinden sich die zwölf Tierkreiszeichen.

Sternenstraßen der Vorzeit

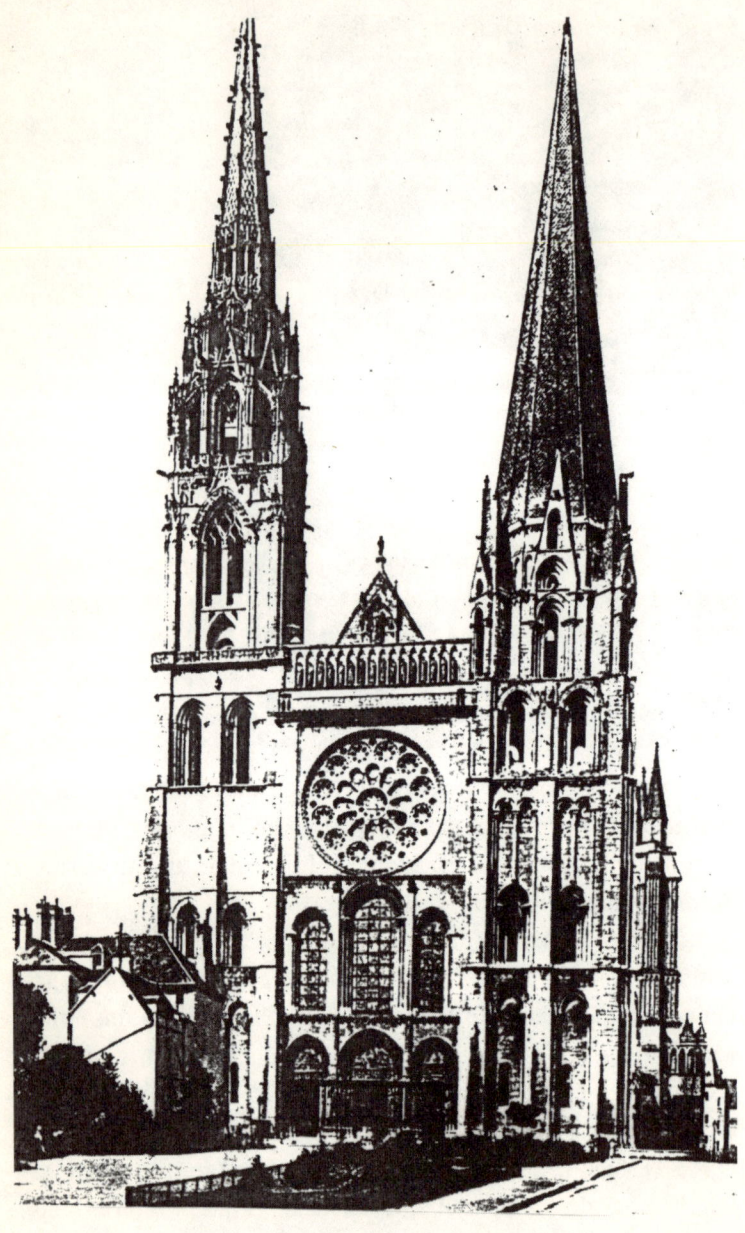

Die Kathedrale von Chartres (1020–1040)

Megalithisches Kult- und Orientierungsnetz

Angoulême, Frankreich

Geographische Breite: 45,67° N
Geographische Länge: 0,16° O
Ablage: + 5,6 km, Höhe über NN: 93 m

Angoulême, am Ufer der Charente hoch auf einem Kalkfelsen gelegen, ist das Zentrum des Departements Charente. Angoulême ist das alte Iculisma in Aquitanien und einstige römische Provinzstadt.

Die beachtenswerte Kathedrale St-Pierre, auf dem höchsten Teil der Stadt gelegen, wurde 1128 im romanisch-byzantinischen Stil erbaut. Die Fassade ist die größte der romanischen Kirchen in Frankreich. Es ist die vierte Bischofskirche an dieser Stelle. Die Stadt war folglich bereits in der Christianisierungsphase Bischofssitz. Angoulême liegt auf der Sternenstraße 1. Ordnung 45,6° Nord.

Zirka fünf Kilometer westlich von Angoulême liegt das Château de l'Oisellerie mit der romanischen Kapelle von Saint-Michel-d'Entraygues 45,64° N und 0,08° Ost. Diese Kapelle wurde im 19. Jahrhundert restauriert.

Eine Pilgerroute nach Santiago de Compostella führt über Angoulême. Allein aus diesen wenigen Fakten wird die besondere Stellung von Angoulême ersichtlich.

Sternenstraßen der Vorzeit

Troyes, Frankreich

Geographische Breite: 48,29° N
Geographische Länge: 4,08° O
Ablage: – 9,9 km, Höhe über NN: 110 m
La Chapelle St-Luc
Geographische Breite: 48,32° N
Geographische Länge: 4,08° O
Ablage: – 8,8 km, Höhe über NN: 110 m

Die ehemalige Hauptstadt der Champagne liegt an der Seine. Troyes war im Altertum die Hauptstadt der keltischen Tricasser und hieß Noviomagus. Augustus gab ihr den Namen Augustobono. 451 n. Chr. fand in der Umgebung von Troyes die Hunnenschlacht statt. 1111 wurde in Troyes ein Konzil abgehalten. Mit dem Bau der beachtenswerten Kathedrale Sts-Pierre et Paul wurde 1208 begonnen.

Le Puy, Frankreich

Geographische Breite: 45,06° N
Geographische Länge: 3,94° O
Ablage: – 60,2 km, Höhe über NN: 630 m

Die Hauptstadt des Velay liegt in einem Talkessel, aus dem Vulkanfelsen herausragen. Auf einem solchen Naturobelisk mit einer Höhe von 82 m, unübersehbar steil aus einer ebenen Umgebung aufsteigend, liegt das Michaels-Heiligtum Saint Michel d'Aiguilhe. Le Puy liegt an einem Kreuzungspunkt der West/Ost-Sternenstraße 1. Ordnung 45,6° Nord mit der Nord/Süd-Sternenstraße 1. Ordnung 4,0° Ost.

Die Kapelle wurde 962 von Truanus errichtet. Die Gründungscharta ist datiert auf den 15. August 962.

Megalithisches Kult- und Orientierungsnetz

In vorchristlicher Zeit bestand hier schon ein keltisches oder gallisches Heiligtum. Auf dem Gipfel fand man vor der Errichtung der Kapelle im Jahre 962 eine in den Fels »von Hand gehöhlte Aushöhlung«.

Der Pilatus in Luzern, Schweiz

Geographische Breite: 47,0° N
Geographische Länge: 8,24° O
Ablage: + 1,1 km, Höhe über NN: 2149 m

Der Pilatus, der Sagenberg von Luzern, prägt das Stadtbild. Im Mittelalter wurde er auch als der zerbrochene Berg, »Fractus Mons«, bezeichnet. Eine Vielzahl von Sagen, Märchen und Erzählungen, die der Volksmund überliefert hat, gibt einen Hinweis auf die kultische Bedeutung dieses Berges in grauer Vorzeit. Wettergeister, der Pilatus-Drachen, die weiße Fee, der Teufel, die Hexen, aber auch gute Geister, die Zwerge und die christianisierte Form des Grabes für den Landpfleger Pontius Pilatus in dem kleinen Pilatussee auf der Berghöhe sind auch noch heute mit diesem markanten Berg verbunden.

Pilatus-Drachen über Luzern (Mittelalterlicher Stich von 1450)

Der Hohe Meißner bei Eschwege, Deutschland

Geographische Breite: 51,15° N
Geographische Länge: 10,07° O
Ablage: -3,3 km, Höhe über NN: 749 m

Eschwege ist eine Kreisstadt. Die ältesten Funde aus dem direkten Stadtgebiet entstammen dem Jungneolithikum. In der näheren Umgebung, den heutigen Stadtteilen Eltmannshausen und Nidda-Witzhausen, sind bandkeramische Siedlungen nachgewiesen. Der älteste belegte Name aus einer Urkunde von 974 lautet Eskinniuuach, im Mittelalter Eskenewege und Eschinwanch. Die Eschweger Marktkirche besitzt Hinweise auf ein Patrozinium des Dionysius.

Der in unmittelbarer Nähe gelegene Hohe Meißner (749 m), 51,19° Nord und 9,89° Ost, ist das eigentliche Kultzentrum, an das sich die Stadtgründung anlehnte. Der Hohe Meißner liegt auf der West/Ost-Sternenstraße 1. Ordnung 51,18° Nord Stonehenge-Wormbach. Das Plateau weist mit dem Frau-Holle-Teich auf kultische Zusammenhänge zu dem Frau-Holle-Mythos hin und somit auf den indogermanischen Drei-Frauen-Kult. In dem Märchen wird eine ganz typische Tätigkeit der Frau Holle dominant ausgewiesen, nämlich das Spinnen und Weben. In den Beschreibungen anderer weltweit auftretender Muttergottheiten wie zum Beispiel der Neter, der Isis, der Athene, der Hekate, der Holda, der Percht, den indogermanischen Drei Bethen, den Drei Jungfrauen und den Drei Matronen wird diese besondere Tätigkeit des Spinnen und Webens ebenfalls herausgestellt. Weiterhin treten diese Muttergottheiten vorwiegend als eine Trias auf. Jeder einzelnen dieser drei Göttinnen wurden besonders qualifizierende und kennzeichnende Eigenschaften zugeordnet, d.h. diese Muttergottheiten werden durch personifizierte Eigenschaften als Einzelgöttinnen dargestellt, die

Megalithisches Kult- und Orientierungsnetz

aber immer gemeinsam als eine Trias auftreten. Die Zuordnung des Frau-Holle-Mythos auf den Hohen Meißner ist nicht erst auf das späte Mittelalter begrenzt. Diese fast ausschließlich durch den Volksmund überlieferten Sagen und Geschichten, die Bezeichnungen markanter Stellen und Flurnamen auf dem Plateau des Hohen Meißner und in seinem Umfeld kennzeichnen ihn als eine übergeordnete frühgeschichtliche Kultstätte des indogermanischen Drei-Frauen-Kultes und anderer germanischer Gottheiten wie zum Beispiel des Hauptgottes Wotan.

Freising, Deutschland

Geographische Breite: 48,40° N
Geographische Länge: 11,74° O
Ablage: - 6,7 km, Höhe über NN: 446 m

Das Fürstbistum wurde 724 vom Heiligen Corbinian gegründet. Der Nachfolger Erimbert ist 739 von Bonifatius zum Bischof geweiht worden. Die Römer nannten den Ort Fruxinium. Freising besitzt neben weiteren zehn Kirchen die Domkirche von 1160 und eine Mariensäule. Freising liegt auf der West/Ost-Sternenstraße 1. Ordnung 48,4° Nord.

Padua, Italien

Geographische Breite: 45,41° N
Geographische Länge: 11,87° O
Ablage: - 21,1 km, Höhe über NN: 30 m

Der Stadt und ihren Vorläufern wird eine fast dreitausendjährige Geschichte zugeordnet. Im 4. Jahrhundert v. Chr. hatten die

Gallier diesen Bereich besetzt. Kriegerische Aktivitäten mit einem siegreichen Ausgang im 3. Jahrhundert v. Chr. werden der Göttin Juno zugeordnet.

Die Stadt ist ein alter Siedlungsraum der Veneter. Die Römer nannten sie Patavium. Im 2. Jahrhundert v. Chr. wurde Patavium ein römisches Munizipium. Dadurch wurde die Bedeutung schon in damaliger Zeit herausgestellt.

Ab dem 3. Jahrhundert n. Chr. besitzt Padua eine bischöfliche Hierarchie. Das bedeutendste kirchliche Bauwerk ist die dreischiffige Basilika »Il Santo«, die Grabkirche des Heiligen Antonius von Padua, die von 1256 bis 1424 errichtet wurde. Padua liegt auf der West/Ost-Sternenstraße 1. Ordnung 45,4° Nord.

Basilika San Antonio in Padua

Megalithisches Kult- und Orientierungsnetz

Puente la Reina, Spanien

Geographische Breite: 42,67° N
Geographische Länge: 1,83° W
Ablage: -16,7 km, Höhe über NN: 350 m

Die Stadt liegt in der spanischen Provinz Navarra am Fluß Arga. Sie ist ein zentraler Ort, ein Knotenpunkt des Pilgerweges nach Santiago de Compostella. Puente la Reina liegt auf dem Kreuzungspunkt der Nord/Süd-Sternenstraße 1. Ordnung 1,84° West mit der West/Ost-Sternenstraße 1. Ordnung 42,88° Nord.

Tintagel, England

Geographische Breite: 50,67° N
Geographische Länge: 4,60° W
Ablage -6,7 km, Höhe über NN: 50 m

»Von diesem Ort ging sozusagen die Zivilisation Europas aus. Da nahmen der König Artus und seine Zwölf die Kräfte auf, die sie sich von der Sonne holten, um ihre mächtigen Züge durch das übrige Europa zu machen und dafür zu kämpfen, daß die alten wilden dämonischen Gewalten, die zum großen Teil damals noch in der europäischen Bevölkerung waren, aus den Menschen heraus kamen...« (Rudolf Steiner, 21.08.1924).

»Dann sandten sie (die zwölf Artusritter) ihre Sendlinge hinaus nach ganz Europa, um die Wildheit der astralischen Leiber der europäischen Bevölkerung zu bekämpfen, zu läutern, zu zivilisieren, denn das war ihre Aufgabe...« (Rudolf Steiner, 27.08.1924).

8. Kapitel

Götternamen und deren Überlieferung in Orts- und Landschaftsnamen des Stonehenge/Wormbach-Systems

Unter den Kultstättennamen beziehungsweise unter den sich von diesen ableitenden heutigen Orts- und Flurnamen, die sich im Verlauf der West/Ost- und der Nord/Süd-Sternenstraße 1. Ordnung erkennen lassen, sind auffallend häufig die Hauptsilben Bel-, Lug-, Bor- und Worm- anzutreffen. Für sich allein stehend oder abgewandelt, stammen diese Silben von Namen bedeutender keltischer, germanischer, gallisch-germanischer oder römischer Gottheiten. Einstmalige Verehrungsstätten lassen sich an diesen Silben erkennen. Diese Überlegung erwies sich als sehr hilfreich bei der Ableitung des Stonehenge/Wormbach-Systems.

Zum tieferen Verständnis der Kultinhalte der Sternenstraßen 1. und 2. Ordnung ist es daher unerläßlich, diesen Gottheiten und ihrer Einbeziehung in christianisierte Formen Beachtung zu schenken. Besondere Aufmerksamkeit wurde auch den spanischen, französischen und latinisierten Abwandlungen der Namen für Stern, Sonne, Mond und Gestirn in heutigen Orts-, Berg-, Flur- und Landschaftsnamen gewidmet. Hierzu gehörte gleichrangig eine sorgfältige Erfassung und sprachliche Analyse von Überlieferungen aus dem Volksmund. Es ist daher unerläßlich, hier eine kurze Darstellung von geschichtlich überlieferten Namen der Götter, deren Festtage und Riten aus dem kultischen Leben der Kelten, Germanen, Gallier und Römer anzuführen.

Hauptversammlungs- oder Festtage im Jahreslauf bei den Kelten auf den Britischen Inseln und auf dem Festland bei den

Megalithisches Kult- und Orientierungsnetz

Galliern und Germanen waren in erster Linie an den Jahresablauf angelehnt, so zum Beispiel der Frühlings- und Herbstanfang – die Tag- und Nachtgleiche – (s. GLV, S. 221–229), die Sonnenwenden und die Mondbewegungen. Die den beiden letzten zugehörigen Horizontvisuren im Jahreslauf wurden zu den Sternenstraßen 1. und 2. Ordnung.

Zur zeitlichen Festsetzung dieser Hauptfesttage im Jahreslauf mußten daher die astronomischen Zeiten des Jahres wie die Tag- und Nachtgleichen und die Sonnenwenden bestimmt werden können. Diese Notwendigkeit erforderte die Auswahl geeigneter Horizontprofile mit Bergen und Tälern oder die Errichtung entsprechender Beobachtungsbauwerke zur kontinuierlichen Beobachtung der jährlichen Sonnen- und Mondbewegungen (s. GLV, S. 237 ff.).

Beispiel ist hierfür, daß in der Ebene um das megalithische Beobachtungszentrum Stonehenge nicht nur umfangreiche Steinsetzungen, sondern auch hohe Eichenbaumstämme als Peilstangen in größerem Abstand zum Zentrum in den Boden eingelassen werden mußten. Hierdurch wurde der Stonehenge-Platz, trotz seines fast profillosen Horizontbildes, erst brauchbar.

Derartig umfangreiche Baumaßnahmen waren dagegen zum Beispiel an dem Kult- und Beobachtungsort Wormbach mit seinem vielfältig gegliederten natürlichen Horizontprofil, mit Bergen und Tälern, nicht erforderlich.

Von den Kelten, Galliern und Germanen sind nachstehende Hauptversammlungs- oder Festtage überliefert (s. GLV, S. 168):

21. März
Frühlingsanfang   Tag- und Nachtgleiche

1. Mai
Halbjahresfeier   BELTENE / BELTAINE

21. Juni Sommersonnenwende	längster Tag, kürzeste Nacht
1. August	LUGNASAD
23. September Herbstanfang	Tag- und Nachtgleiche
1. November, Halbjahresfeier	SAMHUIN / SAMAIN
21. Dezember Wintersonnenwende	kürzester Tag, längste Nacht
1. Februar	IMBOLC

Die vorgenannten Hauptfeste fanden bei den Kelten jeweils 40 oder 41 Tage nach der Tag- und Nachtgleiche, dem Frühlings-/Herbstanfang, oder nach den Sonnenwenden, der Sommer- oder Wintersonnenwende, statt.

Beim Beltaine-Fest feierte man zum Beispiel den jahreszeitlichen Übergang vom Winter zum Sommer. In dem Namen Beltaine ist der Name des Gottes Bel, d.h. »Feuer des Bel« enthalten. Mit dem Beltaine-Fest begann der Auftrieb der Herden aus den Stallungen auf die dann freien Weiden. In Irland wurde der 1. August – Lugnasad – als die »Hochzeit von Lug«, einer bedeutenden keltischen Gottheit, feierlich begangen. Im gällischen Kultbereich wurde Lug ebenfalls als Gottheit hoch verehrt.

Dem Beltaine-Fest steht inhaltlich das Samain-Fest am 1. November gegenüber. Jetzt begann der Winter, und der stärkere Einfluß der Nacht auf das alltägliche Leben überwiegt. Beim Imbolc, dem Fest zu den ersten Februartagen, feierte man

Megalithisches Kult- und Orientierungsnetz

den Übergang vom Winter zum Frühling. So wurde in Westfalen noch im Jahre 1722 das Sammeln von Holz und Stroh für die Herrichtung von Frühlingsfeuern um den 6. Februar kirchlicherseits unter Strafe gestellt.

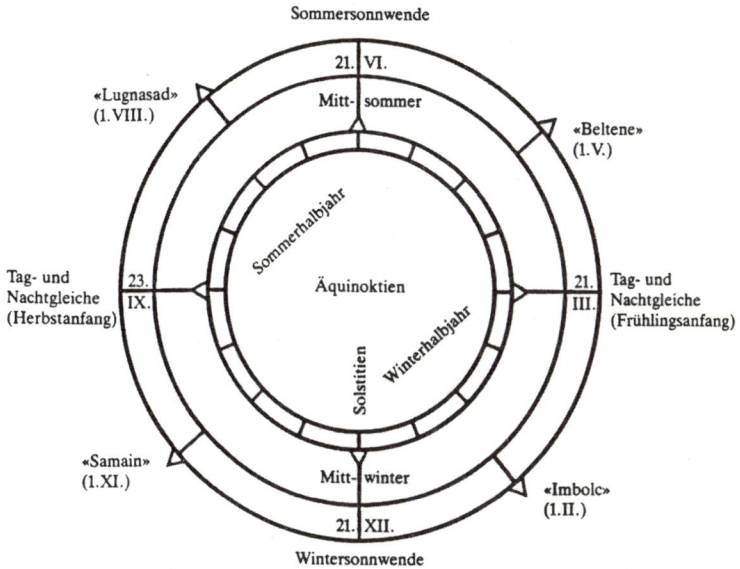

*Außenkreis: Keltischer Kalender,
Innenkreis: Megalithischer Kalender (Thom und Müller)*

Lugu oder Lug stellt nach den vorhandenen Überlieferungen eine Art Übergott dar oder einen Gott, der über den anderen Göttern steht (Textes mythologiques I, S. 51).

Das Imbolc-Fest wurde am 1. Februar begangen. Die Mitte des Winters war erreicht, jetzt konnte der kommenden lichten Jahreszeit bereits gedacht werden. Aus irischen Überlieferungen kann auf eine Verbindung dieser Feiertage mit der Göttin Brigit, die auch als Trias auftrat, hingewiesen werden. Das ist von Bedeutung, da in Wormbach ein Zentrum der Drei-Jungfrauen-Verehrung, der Borbede oder Worbede, der Ambede oder Embede und der Wilbede (s. GLV, S. 72–76), gekoppelt mit der einzigartig einfachen Möglichkeit einer Bestimmung des genauen Zeitpunktes der Tag- und Nachtgleiche mittels des natürlichen Horizontprofils, gegeben war.

Der Name Wormbach steht wie der Name der Stadt Worms (s. GLV, S. 65) in ursächlichem Zusammenhang mit dem Namen der Borbede oder Worbede aus dem Kreis der indogermanischen drei Muttergöttinnen (s. GLV, S. 235). Der Name Brigit leitet sich von brig-, bre- oder bri- ab. Diese Silben bedeuten »stark, hoch und Anhöhe«.

Die Verehrung der Borbede in Wormbach als die große, starke, wärmeausstrahlende Göttin aus der indogermanischen weiblichen Trias zeigt somit Beziehungen zu dieser inselkeltischen, irischen Trias, der Brigit, auf. Liegt doch das Wormbacher Kultzentrum auf der Egge, einer Anhöhe über dem Ort Wormbach (s. GLV, S. 221–229).

Lugudunum heißt allgemein die Festung oder die Anhöhe des Lug. Der Name des Gottes Lug läßt sich in nachstehenden Städtenamen noch heute finden:

Luguvallium	= *Carlysle, Schottland*
Lugdunum Convenarum	= *St-Bertrand de Comminges, Frankreich*
Lugdunum – Lugdunum	= *Lyon, Frankreich*
Lugdunum Batavorum	= *Leiden, Niederlande*

Lyon (Lugdunum-Lugdunum) war die erste gallische Stadt, in der die Christianisierung begann. Der Primas der römisch-katholischen Kirche von Frankreich trägt daher noch heute den Titel »Primas der Gallier«. Lug oder Lugu als der wahrscheinliche Hauptgott der Gallier wurde von den Römern mit dem römischen Gott Merkur »vereinigt«. Später in der Christianisierung wurden bedeutende römische Kultstätten des Merkur dem Erzengel Michael zugeordnet. Beide, Lug oder Lugu und

Megalithisches Kult- und Orientierungsnetz

Merkur, lassen sich folglich christianisiert im Erzengel Michael wiederfinden.

Allen diesen Gottheiten werden Sonnen- und Lichtkräfte zugeordnet. Dem Merkur war in der gallo-römischen Symbolik die Schlange mit dem Widderkopf eigen. Aus der Vereinigung vieler dominanter Eigenschaften dieser Gottheiten und aus uralten kultischen Einflüssen entsteht des öfteren auch eine Dreiköpfigkeit. Die Dreiköpfigkeit ist wiederum typisch im keltischen Kult. Hierin zeigt sich der Einfluß der Kelten und ihrer Kulte auf den gällischen Bereich. Ein weiteres Attribut des Lug ist in Anlehnung an den griechisch-römischen Gott Apoll die Lanze. (Textes mythologiques I, S. 47). Auch der Erzengel Michael wird in der christlichen Symbolik als Lanzenträger dargestellt. Mit Lug oder Lugu kann eine andere indoeuropäische Gottheit, nämlich die germanische Hauptgottheit Odin oder Wodan verglichen werden. Odin/Wodan besitzt ebenfalls eine magische Lanze. 813 n. Chr. wurden auf dem Konzil von Mainz die germanisch-sächsischen Wodan-Weihewochen, welche die Germanen zu Herbstanfang feierlich begangen, dem Erzengel Michael zugeordnet.

Auf dem Soester Totenweg (s. GLV, S. 132, 169, 171), der von Soest zu der uralten germanisch-sächsischen Bestattungsstätte Wormbach führt, liegt auf den Nordhöhen des Möhnetals das Anwesen Drüggelte mit einer sehr alten achteckigen Kapelle (s. GLV, S. 132, 171–172). Stangefol schreibt 1656 in »Opus chronologicum« III, 365:

> In dem sehr alten Gotteshaus, das noch immer steht, befand sich einst ein Götzenbild der Göttin Trigla, die drei Köpfe hatte, zu der das heidnische Volk [..?..] zu flüchten pflegte.
> Es ist glaubhaft, daß nach diesem Idol diese Gegend den Namen erhalten hat.
> Dieses Standbild ging 1583 im Truchsessischen Krieg ganz unter (zitiert nach P. Derks 1989).

Unabhängig von den streitenden akademischen Hinterfragungen des Namens Trigla, ist für die hier vorliegende Studie die Tatsache von Bedeutung, daß noch 1656 von Stangefol in diesem westfälischen Bereich, an dem Totenwege von Soest zum germanisch-sächsischen Bestattungsort Wormbach, an einem Wege, der ebenfalls zu einem Zentrum des Drei-Frauen-Kultes führte (s. GLV, S. 171), eine Trias, eine Göttin mit drei Köpfen, d. h. mit drei unterschiedlichen Attributen erwähnt worden ist.

Von einigen Autoren ist die besondere Beachtung der Überlieferungen aus dem Volkstum negativ angemerkt worden, zum Beispiel diese durch Stangefol. Ich kenne die Problematik derartiger Überlieferungen. Aber in jeder dieser Überlieferungen verbirgt sich eine – wenn auch noch so geringe – reale Überlieferung aus vergangenen Zeiten, die uns sonst völlig verschlossen bleiben würde. Der Bericht über eine göttliche weibliche Trias im Raume Soest/Arnsberg durch Stangefol (1656) ist ein derartig wichtiger und beachtenswerter Hinweis aus dem Volksmund. Diese Quellen gilt es daher nach wie vor mit großer Sorgfalt zu erfassen und zu nutzen.

Trigla oder Triglaff ist offensichtlich eine wendische weibliche Gottheit. Der brandenburgische Bischof Gernand ließ nämlich um 1220 mit päpstlicher Unterstützung auf dem Harlunger Berg, dem Hausberg der Stadt Brandenburg, auf die Stelle einer bedeutenden Triglaff-Verehrungsstätte der Wenden eine von der Baumasse beachtenswerte Marienkirche errichten. Diese Marienkirche war bis in das 14. Jahrhundert hinein eine bedeutende Marien-Wallfahrtskirche.

Der christliche Ersatz dieser bedeutenden wendischen Gottheit Triglaff durch die Gottesmutter Maria, erlaubt zwei wichtige Aussagen:

Megalithisches Kult- und Orientierungsnetz

1. Die Gottheit Triglaff war eine bedeutende Gottheit der Wenden.
2. Der christliche Ersatz dieser bedeutenden wendischen Gottheit Triglaff durch Maria, die Gottesmutter, weist darauf hin, daß diese wendische Gottheit ebenfalls eine weibliche Gottheit gewesen ist.

Marienkirche oberhalb der Altstadt Brandenburg (Darstellung um 1582)

Drüggelter Kapelle: »Dreiköpfiges« Kapitell (s. GLV, S. 171, 172)

Drüggelter Kapelle: Kapitell mit Widderkopf

In Westeuropa, Nordspanien, Süddeutschland und in der Schweiz sind eine Reihe von gallo-keltischen Kultstätten mit dem Namen der keltisch-gallo-germanischen Sonnengottheit Belenos, Belenus, Belinus, Belios, Belakus und im altirischen Beltane, Beltene oder Beltaim belegt.

Es erscheint möglich, daß auch eine weibliche Sonnengöttin in diese Namen eingeschlossen werden kann. Die Silbe Bel-, die in den heutigen Orts- und Landschaftsnamen auftritt, weist

Megalithisches Kult- und Orientierungsnetz

auf diese Gottheit hin und wurde bei der Ableitung und Fixierung der West/Ost- oder Nord/Süd-Sternenstraßen 1. Ordnung daher besonders beachtet. Die keltisch-gallische Gottheit Lug wurde von den Römern mit ihrem griechisch-römischen Gott Apoll, aber auch mit Merkur vereint. Im Rahmen der Christianisierung wurde dann ein Aufgehen dieser heidnischen Gottheiten in den Erzengel Michael verfügt.

Man geht also nicht fehl in der Annahme, daß an den frühchristlich bestimmten und benannten Michael-Verehrungsstätten hochrangige Kultstätten angetroffen werden, die der Geschichte der Christianisierung weit vorausgehen. Die Berücksichtigung dieser fast unauflösbaren Kette der Gottheiten-Kultstättenkontinuität ist somit von großer Bedeutung bei der Findung beziehungsweise Ableitung alter Kultstätten aus heutigen Orts- oder Landschaftsnamen.

Da die Verbindung von Belanos zum Licht und zur Sonne offensichtlich ist, kann unter Umständen auch angenommen werden, daß der viel ältere Belenos nicht von den Kelten selbst stammt, sondern nach der Unterwerfung der den Kelten zeitlich vorausgehenden Kulturen aus dem gällischen Kultraum übernommen wurde.

Zusätzlich ist in Gallien eine weibliche Form des Belenos anzutreffen und zwar in der Göttin Belisama. Belisama ist die strahlend hell Leuchtende. In der südfranzösischen Stadt Saint-Lizier (Ariège) ist die folgende lateinische Inschrift gefunden worden: »Heiligtum der Minerva Belisama«.

Cäsar führt in der Reihe der gallischen Götter ebenfalls diese weibliche Gottheit, die gallische Minerva Belisama auf.

In Irland hebt sich besonders eine Minerva mit dem Namen Brigit aus der kultischen Überlieferung heraus. Brigit kann auch als weibliche Trias auftreten. Die Christianisierung veranlaßte aber schon frühzeitig, den Namen Brigit durch die Heilige Brigitte zu ersetzen.

Die Christianisierung ersetzte teilweise sogar die heidnische weibliche Trias durch eine christliche männliche Trias (s. St. Odilienberg, Niederlande), um dem vorhandenen ungebrochenen Einfluß der heidnischen Drei-Muttergottheiten entgegenzuwirken.

Aus Irland sind die Namen für die folgenden ersten zwei Triaden und aus Germanien die folgenden zwei Triaden (s. GLV, S. 63-76) mit Bodbh, Macha und Morrigane oder Banba, Eriu und Fotla oder Borbede, Ambede und Wilbede oder Worbede, Embede und Wilbede überliefert.

Weiterhin sind noch eine Vielzahl von unterschiedlichsten Namen als Trias überliefert. Es ist verständlich, daß die einzelnen Völker, Stämme und Siedlungsgemeinschaften ihre eigenen Namen für die Göttinnen entwickelt haben (s. GLV, S. 72).

Entscheidend ist in allen Fällen das Auftreten der Göttinnen als Trias. Diese Überlieferungen und die hieraus ableitbare Bedeutung zum Beispiel für die Formen eines Matriarchats, der indogermanischen Muttergöttinnen und des Drei-Matronen-Kultes bis hin zur Namensgebung von Orten usw. sind entscheidend für die gleiche kultische Qualität.

Die Gründung von Siedlungen war in frühgeschichtlicher Zeit immer ein kultischer Vorgang. Der Gründungsakt wurde von den Priestern, Druiden oder den Vordenkern dieser völkischen Gemeinschaften vollzogen.

9. Kapitel

Mutter-, Jungfrauen- und Matronen-Gottheiten sowie ihre Verehrung in vor- und frühchristlicher Zeit im niederrheinischen Siedlungsraum

Als niederrheinischer Siedlungsraum um die Zeitenwende soll der Raum zwischen Köln, Bonn, der Eifel, Lüttich, Maastricht, Aachen, Eindhoven, Nijmegen und Borken, der sich dann nach Süden wieder bis in den Raum Köln/Bonn schließt, verstanden werden.

Dieser Siedlungsraum weist eine ausgeprägte Entfaltung des Drei-Frauen- oder des Drei-Matronen-Kultes aus.

Die Bevölkerung des Ubierlandes mit dem Zentrum Köln/Bonn mit Um- und dem Hinterland des Niederrheingebietes ist eine Mischvolkgruppe gewesen. Sie entstand aus altkeltischen, romanisierten germanisch-sächsichen Volksgruppen und dem um 39 v. Chr. aus dem rechtsrheinischen Raum durch die Römer umgesiedelten germanischen Stamm der Ubier (s. GLV, S. 68 f).

Die für diesen Raum gesicherte Aussage über eine Verehrung weiblicher Gottheiten kann exemplarisch ebenfalls für den Siedlungsgroßraum West- und Mitteleuropa angesetzt werden. Abwandlungen, insbesondere die Namen betreffend (s. GLV, S. 72), sind in den regionalen Volksgruppen, Stämmen usw. sicherlich aufgetreten. Die prinzipielle kultische Verehrung der in ihrer Wurzel indogermanischen Göttinnen wird aber hierdurch nicht verändert.

In Germanien gehen allgemein die Kulte von Muttergottheiten und die Verehrung von Drei Frauen auf archaische und indogermanische Kultvorstellungen zurück. So werden zum

Beispiel aus der Jungsteinzeit viermal mehr weibliche als männliche Darstellungen von Gottheiten gefunden. Im keltisch-germanisch-römischen Religions- und Kultbereich sind aus diesen Muttergottheiten die Matronen oder Matres geworden.

In der Zeit von 150 bis 250 n. Chr. liegt die Blütezeit der Matronenverehrung, ausgewiesen durch die aufgefundenen Altäre mit Weihungen. Die Mehrzahl der weiblichen Gottheiten hatte zum Beispiel im östlichen Mittelmeerraum eine den männlichen Gottheiten zumindestens vergleichbare Bedeutung,

Muttergöttin Isis mit ihrem jungfräulich geborenen Sohn Harpokrates

zum Beispiel Demeter und Athene bei den Griechen sowie Isis bei den Ägyptern.

Gesichert ist eine beispielhafte Einwirkung der ägyptischen Muttergottheit, der Isis, und anderer nahöstlicher Muttergottheiten wie der Magna Mater, der Cybele und der Astarte auf das Christentum, die sich bis im Darstellungsbild der Gottesmutter, der Jungfrau Maria, wiederfinden läßt.

Aus dem Abschnitt um die Zeitenwende sind nur spärlich gesicherte Überlieferungen – zum Beispiel bei Tacitus – über Religion, Kultur, Kult oder kultische Bedeutung von heiligen Frauen oder Jungfrauen bei den Germanen und Galliern vorhanden. Trotzdem läßt sich aus den »Annalen« und der »Germania« des Tacitus und anderer Historiker mosaikartig doch ein Einblick in die religiöse und kultische Welt der Germanen gewinnen.

Tacitus, Germania, 28:

> ...Das Rheinufer selbst bewohnen unstreitig germanische Völker, Vangionen, Triboker, Nemeter. Selbst die Ubier, obwohl sie durch ihre Verdienste eine Römercolonie geworden und sich lieber Agrippinenser nach dem Namen ihrer Gründerin nennen, erröten nicht über ihren Ursprung...

Tacitus, Annalen I, 39 (14 und 15 n. Chr):

> Indes treffen Abgeordnete des Senats bei Germanicus ein, als dieser schon wieder zum Altar der Ubier heimgekehrt war.

Tacitus, Annalen I, 57:

> Beigesellt hatte Segestes den Gesandten seinen Sohn namens Segimundus; aber der junge Mann war im Bewußtsein seiner Schuld noch unschlüssig. Nämlich in dem Jahre, in welchem Germanien abfiel, hatte er zum Priester beim Altar der Ubier erwählt, zerrissen seine priesterlichen Binden und war zu den Aufständischen entflohen.

Aus den oben genannten Darstellungen zeichnet sich überzeugend ein ausgeprägtes, aktives und vor allen Dingen ein eigenständiges kultisches Weiterleben der religiösen Inhalte der Ubier trotz ihrer Umsiedlung in den linksrheinischen römischen Einflußbereich ab. Über die Rheingrenze müssen zusätzlich vielfältige Kontakte zwischen Römern und Germanen bestanden geblieben sein, wie es sich zum Beispiel aus folgenden Zitaten ersehen läßt:

Tacitus, Historien IV, 61:

> Der Legionslegat Munius Lupercus wurde u.a. mit Geschenken zu der Veleda [s. GLV, S. 164] gesandt. Diese, eine Jungfrau aus dem Stamm der Bructerer, besaß eine ausgebreitete Herrschaft, nach althergebrachter Sitte der Germanen, gar viele Frauen für Prophetinnen und, bei steigendem Aberglauben, für Göttinnen zu halten. Und eben jetzt stieg das Ansehen der Veleda; denn sie hatte den Germanen Glück und Vernichtung der Legionen vorhergesagt.

Tacitus, Historien IV, 64, 65:

> Tencterer an die Agrippinenser:
> ...ihr möget unbewacht herüberkommen, doch bei Tage und unbewaffnet, bis die neuen und noch jungen Rechte durch Gewohnheit alt werden. Schiedsrichter sollen uns Civilis und Veleda sein, vor welcher der Vertrag bestätigt werden wird.
> Als man so die Tencterer besänftigt hatte, schickte man Gesandte mit Geschenken an Civilis und Veleda, und diese setzten alles nach Wunsch der Agrippinenser [s. GLV, S. 9] durch...
> ...doch persönlich der Veleda zu nahen und sie anzureden wurde ihnen abgeschlagen; man hielt sie fern von ihrem Anblick...

Megalithisches Kult- und Orientierungsnetz

Tacitus, Germania, 8:

Gesehen haben wir unter Divus Vespasianus Veleda, welche lange bei gar vielen für eine Gottheit galt; aber auch vor Zeiten haben sie Albruna und mehrere andere noch verehrt, nicht aus Schmeichelei und nicht als wollten sie dieselben zu Göttinnen erst machen.

Plinius Maior (23 - 79 n. Chr.)
Naturalis historia IV, 17, 105 - 106:

...an dem Rhenus hin wohnende Stämme sind: Die Nemeter, Triboker, Vangionen, dann unter den Ubiern die Agrippinische Kolonie, die Bruberner, Bataver und die nach unserer Angabe auf den Inseln des Rhenus wohnenden.

Pomponius Mela (150 n. Chr.)
De chorographia III, 2, 24:

Über Gallier und Germanen:
... dennoch haben auch sie ihre Redekunst und Lehrer der Weisheit, die Druiden. Diese behaupten, sie würden der Erde und der Welt Größe und Gestalt, die Bewegungen des Himmels und der Gestirne, den Willen der Götter kennen.
In vielen Dingen unterrichten sie die Vornehmsten des Volkes, heimlich und langsam - es dauert bei jedem zwanzig Jahre - in einer Höhle oder in entlegenen Waldgebirgen. Eine der Lehren, die sie einprägen, ist unter das Volk gekommen, nämlich um sie zum Kriege tüchtiger zu machen: die Seele sei unsterblich, und es gebe ein zweites Leben bei den Schatten.

Sueton (75 – 150 n. Chr.),
Aus dem Leben des Vitellius 14:

> ...Man hatte ihn auch im Verdacht, am Tode seiner Mutter mitbeteiligt gewesen zu sein, als habe er verboten, ihr während ihrer Krankheit Nahrung zu reichen, weil ein chattisches Weib, deren Aussprüchen er wie einem Orakel vertraute, ihm geweissagt hatte, er werde dann sicher und lange regieren, wenn er seine Mutter überlebt habe.

Die Chatten waren ein germanisches Volk, das ostwärts des Mittelrheins, zwischen Rhein und Lahn siedelte.

Orosius (417 n. Chr.)
Historia adversus paganoa V, 16, 1 – 21:

> Über die Kimbern und Teutonen – 105 v. Chr.:
> ...Ihre Frauen, standhafteren Mutes, als wenn sie gesiegt hätten, baten den Konsul um seinen Bescheid, er möge ihnen das Leben unter der Voraussetzung lassen, daß sie unter Schonung ihrer Keuschheit den heiligen Jungfrauen und den Göttern dienten.

Auf der Kultbasis der aus der Zusammenführung der verschiedenen Volksgruppen in diesem Siedlungsraum, der eingangs ausgewiesen wurde, und den offensichtlich trotz der Grenzziehung längs des Rheinstroms weiter bestehenden wechselseitigen römisch-germanischen Kultkontakten entstand die beachtliche niederrheinische Matronenverehrung.

Die zugehörige Ikonographie weist die Dreiergruppe, eine Trias, aus. Die Beinamen haben größtenteils einen lokalen Charakter.

Die einsetzende Christianisierung und deren weitere Entwicklung hat ganz offensichtlich die angetroffenen alten lokalen und volkstümlichen Namen für die Drei Jungfrauen

Megalithisches Kult- und Orientierungsnetz

oder Drei Matronen durch christianisierte Namensgebungen wie zum Beispiel Fides, Spes und Caritas zu ersetzen versucht.

Dieser über die Jahrtausende tief im Volke verwurzelte Drei-Frauen- oder Drei-Matronen-Kult im niederrheinischen Siedlungsgebiet – bis in das 5. und 6. Jahrhundert n. Chr. – hat trotz der sicherlich damals auch erfolgten Zerstörung der angetroffenen Kultstätten oder deren christlicher Modifizierung und der drakonischen Verbote diese Gewaltanwendung überstanden.

In diesem Zusammenhang muß auf den dreißig Jahre andauernden Krieg, den Karl der Große gegen die Sachsen geführt hat, hingewiesen werden. Nach der Niederwerfung der Sachsen wurde jeder heidnische Kult verboten und das Christentum zur Staatsreligion erklärt.

Freveltaten und Verstöße gegen kirchliche Gebote wurden mit dem Tode bestraft. Die heidnischen Priester mußten ausgeliefert werden. Jegliche Versammlung unter freiem Himmel wurde bei Strafe verboten. Eine systematische Ausrottung der alten Kulte und eine daraus sich ergebende weitgehende Zerstörung der Kultstätten oder deren Überbauung durch christliche Kapellen war die zwangsläufige Folge.

Trotzdem haben die Inhalte der alten Kulte durch Überlieferung im Volkstum und Volksmund diese Phasen der Verfolgung und Zerstörung überdauert. Hieraus erwuchsen dann später im Sinne der Kulstättenkontinuität viele der heutigen Marien-Verehrungsorte, zum Beispiel in den niederrheinischen Rheinlanden und dem rechtsrheinischen Westfalen wie Kevelaer und Neviges.

Zu den bis heute tief im Volkstum verankerten Verehrungsstätten des Drei-Frauen-Kultes gehören weiterhin u. a. die:

Verehrung der Drei Heiligen Jungfrauen:
Ambede, Worbede und Wilbede im Dom zu Worms;
frühgotisches Steinrelief in der Seitenkapelle;

Dreier-Figurengruppe:
Irmina, Adela und Klottildia aus dem 16. Jahrhundert in
der Marienkirche von Auw an der Kyll (Dorf im Felsental) bei Trier, Kreis Bitburg;

Drei Jungfrauen: Einbett, Warbett und Willbett
in Frauweiler, Pfarre Auenheim, Dekanat Bergheim
(westlich von Köln);

Drei Jungfrauen: Ambede, Worbede und Wilbede
im Raum um Wormbach, eine bis in die Herleitung des
Ortsnamens nachzuvollziehende Verehrung;
Verehrung der Drei Jungfrauen
in Aachen noch im 17. Jahrhundert;

Verehrungen der christlichen Nachfolgerinnen der Drei
Jungfrauen oder der Drei Matronen als Fides, Spes und
Caritas in der Kapelle in Wetschewell, die diesen Drei
Jungfrauen geweiht war.
Patrozinium, s. Bulle Alexander VI. (1492–1503),
(LB, III/1963, Nr. 159, S. 699);

Rektoratskirche zu Thum, Pfarre Berg vor Nideggen,
gleiches Patrozinium wie in Wetschewell für die Drei
Jungfrauen: Fides, Spes und Caritas (LB, III/1963,
Nr. 159, S. 699);

In Ligneuville bei Malmedy, früher Erzbistum Köln,
Verehrung der Jungfrauen: Fides, Spes und Caritas
(LB, III/1963, Nr. 159, S. 699);

Megalithisches Kult- und Orientierungsnetz

*Frauweiler, Nebenaltar,
Heilige Sophia mit Drei Jungfrauen*

Pfarrkirche Bettenhoven im Kreis Jülich;
an der Bulle des Kölner Erzbischofs Pilgrim (1021–1036)
ein Bleisiegel mit den Drei Jungfrauen:
Fides, Spes und Caritas (LB, IV/1963, Nr. 160, S. 704);

Kapelle der Pfarre Dürboslar, Gut Frauenrath,
Patrozinium der Drei Jungfrauen, erwähnt 1301 und
1425, 1871 abgetragen, die weitere Verehrung der Drei
Jungfrauen wurde in die Pfarrkirche zu Dürboslar übertragen (LB, IV/1963, Nr. 160, S. 704);

Drei-Matronen-Verehrung im römischen Ubierland,
in Xanten, im niederländischen St. Odilienberg bei Roermond, bedeutsame Kultstätte der Drei Jungfrauen oder
der Drei Matronen;

Fundorte von Matronensteinen:
Schloß Dyck bei Rödingen, Mönchengladbach
(LB, III/1963, Nr. 159, S. 700);
Münsterkirche in Mönchengladbach,
zwei Matronensteine (1865) (LB, III/1963, Nr. 159,
S. 700).

Zu beachten sind weiterhin die Namen der Verehrungstätte in Frauweiler bei Bergheim. Die Drei Frauen sind in dem Ortsnamen Frauweiler und die Drei Bethen in den Ortsnamen Bedburg und Bedburdyk bis in die heutige Zeit erhalten geblieben.

Megalithisches Kult- und Orientierungsnetz

Legende zu der nachstehenden Graphik:
Matronen-Heiligtümer (s. GLV, S. 25, 26) in Niedergermanien
(H.G. Horn); mit vermuteter Grenze des Ubiergebietes:

1 Nettersheim (Görresburg)
2 Nettersheim-Zingsheim
3 Bad Münstereifel-Nöthen (Pesch)
4 Berkum-Odenhausen
5 Berkum;
6 Antweiler
7 Nideggen-Embken
9 Nideggen-Wollersheim
10 Zülpich
11 Zülpich-Oberelvenich
12 Zülpich-Rövenich
13 Üllekoven
14 Bonn
15 Vettweiß;
16 Eschweiler-Fronhoven
17 Hürth-Hermülheim
18 Titz-Rödingen
19 Köln
20 Morken-Harff
21 Mönchengladbach
22 Krefeld-Lank (Gripswald)
23 Xanten

Sternenstraßen der Vorzeit

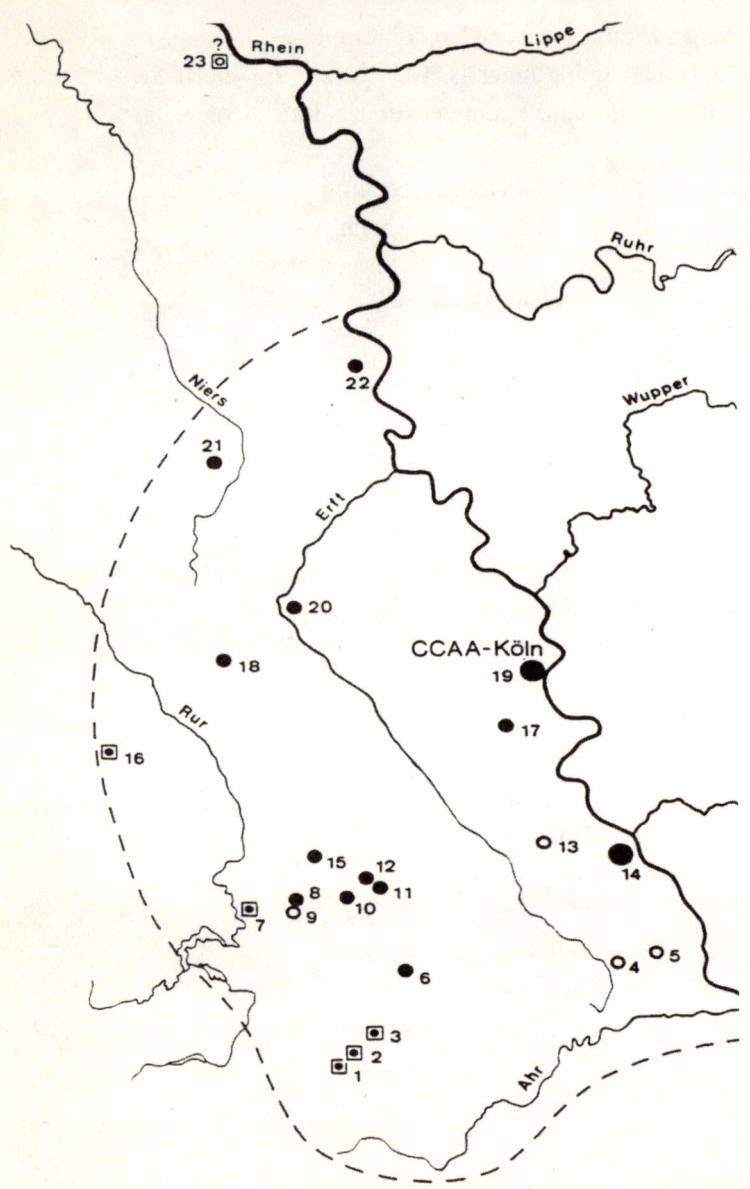

Matronen-Heiligtümer in Niedergermanien (H. G. Horn)
(– – – – – – = vermutete Grenze des Ubiergebietes)

Megalithisches Kult- und Orientierungsnetz

Drei Matronen, Weihestein des Quintus Vettius Severus

Sternenstraßen der Vorzeit

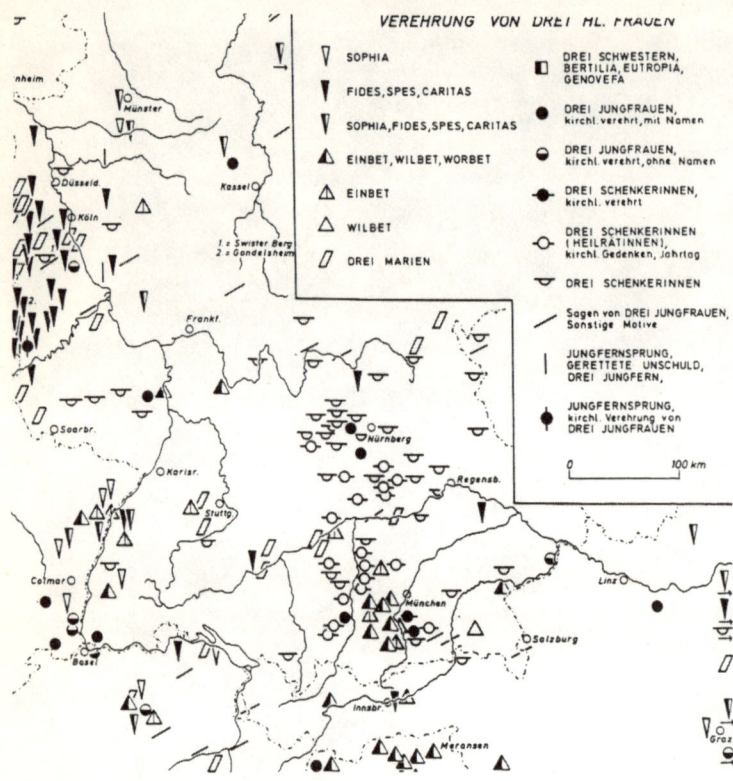

Verehrung der Drei Frauen in West- und Süddeutschland mit angrenzenden Gebieten (M. Zender)

Die aus den Kontakten der Römer mit den Germanen enstehenden Mischkultformen lassen sich überzeugend an einem römischen Mithras-Relief aus dem 2. bis 3. Jahrhundert n. Chr., welches 1861 bei Osterburken gefunden wurde, belegen. In der linken Seitenleiste des Mithras-Altars sind drei Göttinnen eingefügt. Offensichtlich hat der Römer, der diesen Mithras-Altar in Auftrag gab, veranlaßt, zu den verehrungswürdigen Darstellungen verschiedener Mithras-Geschehen die drei Matronen einzufügen. Andererseits ist bekannt, daß die griechische Göttin Hekate in den Mithraeen als dreigliederige Göttin – drei ver-

Megalithisches Kult- und Orientierungsnetz

bundene Leiber mit drei Köpfen oder ein Leib mit drei Köpfen – verehrt wurde. Hieraus ergeben sich leicht zu bildende Übergänge zu dem Drei-Matronen-Kult im Raume Köln/Bonn.

Linkes Bild: Mithras wird aus dem Fels geboren.

Rechtes Bild: Altar mit Globus, Himmelsäquator und Zodiacus, Mithras-Kult in Köln, Colonia Claidia Ara Agrippinensium

Wie sich die Verbreitung der Verehrung der Heiligen Drei Frauen unter Einbeziehung der nachfolgenden christlichen Varianten zum Beispiel in dem belgisch-niederländischen Grenzgebiet nachweisen läßt, ergibt sich aus einer Graphik von M. Zender.

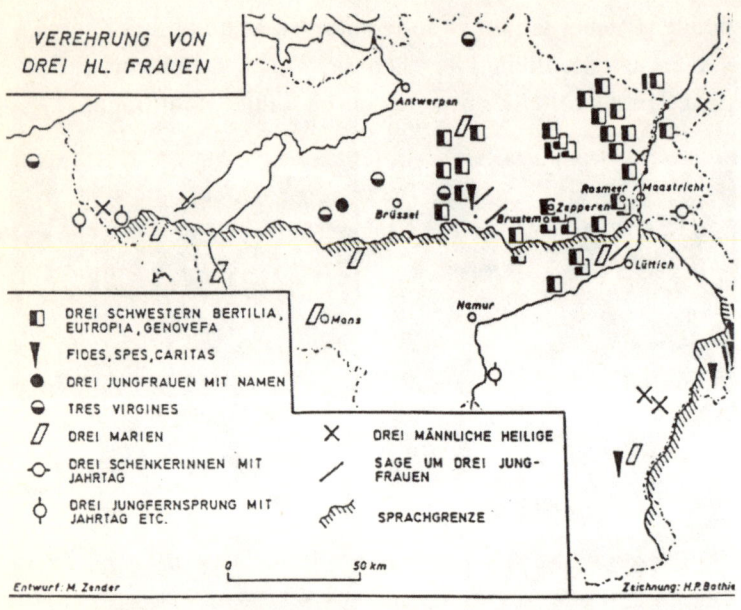

Die Heiligen Drei Frauen im belgisch-niederländischen Grenzgebiet (M. Zender)

Dieses Ergebnis dürfte nicht nur durch die Kontakte mit dem Köln/Bonner-Siedlungsraum der Ubier abzuleiten sein, sondern sollte als ein weiterer Beweis für die allgemeine Verbreitung dieses tief in der Kulttradition der gällisch/germanischen Völker verankerten Glaubenswelt an die Drei Frauen oder ihrer lokalen Abwandlungen angesehen werden. Ein weiterer Beweis für diese These kann daraus abgelesen werden, daß die römischen Soldaten und Verwaltungsbeamte, die bei ihren verschiedenen Einsätzen teilweise im Köln/Bonner-Raum nachweislich zuvor stationiert waren, die Drei Frauen oder die Drei Matronen als Schutzgötter oder als Talisman in ihre neuen Einsatzgebiete mitnahmen.

In Köln hatte sich dazu eine »Industrie« für konfektionierte Terrakotten der Drei Matronen entwickelt, die zum Beispiel

Megalithisches Kult- und Orientierungsnetz

*»Konfektionierte« Drei-Matronen-Terrakotten aus Köln
(2. Jh. n. Chr.)*

aus der Werkstatt des Fabricius noch bis in das 2. Jahrhundert diese Matronen-Terrakotten in den Norden Britanniens lieferten. Funde am Hadrians-Wall in Schottland beweisen das.

Ich neige zu der Annahme, daß der indogermanische Drei-Frauen-/Drei-Jungfrauen-Kult als Basis für alle anderen späteren Formen der Frauen-, Jungfrauen- oder Drei-Matronen-Kulte, die exemplarisch aus den vorgenannten überlieferten Verehrungen im niederrheinischen Siedlungsraum vorgestellt wurden, gleichwertig in seiner kultischen Bedeutung für die verschiedenen Sprach- und Völkergruppierungen West- und Mitteleuropas angesetzt werden kann.

10. Kapitel

Mithras-Kult im römisch/germanischen niederrheinischen Kultkontaktbereich

Die nur in Wormbach anzutreffende außergewöhnliche Ikonographie des Tierkreiszeichens der Fische durch drei Fische (s. GLV, S. 110) habe ich aus der historisch gesicherten, von Köln ausgegangenen Christianisierung und der damit verkoppelten Informationsübertragung aus dem Kölner Raum in den westfälischen Raum und damit auch in den Raum Wormbach hergeleitet. In der Krypta der Basilika St. Gereon in Köln befinden sich noch die erhaltenen Reste eines römischen Bodenmosaiks, das ebenfalls die Ikonographie des Tierkreiszeichens der Fische durch drei Fische darstellt (s. GLV, S. 152).

Die Basilika St. Gereon gründet auf einer römischen Tempelanlage, einem Mithraeum, und zugehörigem Gräberfeld (s. GLV, S. 153). Die von den Römern ausgeübte Kultpraxis, die im Verlauf ihrer Eroberungen angetroffenen Kultformen der unterworfenen Völker nicht auszulöschen, sondern modifiziert zu übernehmen, hat im Raume Köln/Bonn einen besonderen Niederschlag gefunden.

Der indogermanische Drei-Frauen-Kult oder der Drei-Matronen-Kult im römisch-ubischen Kultkontaktbereich Köln/Bonn wurde um 39 v. Chr. von den Ubiern aus Germanien im Verlauf ihrer Umsiedlung durch Agrippa in diesen Raum eingebracht. Mit dem Vordringen der römischen Heere nach Nordeuropa läßt sich ebenfalls der uralte persische Mithras-Kult im Raum der römischen Rheinlande, sich ausweitend bis nach Britannien, nachweisen.

Der Kult der Mithras-Mysterien entwickelte sich aus den Wurzeln alter persischer Religionsformen, wurde dann aber inhalt-

Megalithisches Kult- und Orientierungsnetz

lich sehr stark durch Gedanken der griechischen Weltanschauung geprägt. Diese Prägung ging so weit, daß der durch Griechen und Römer in das römische Weltreich eingebrachte Kult der Mithras-Mysterien hier zu einer neuen Religion geformt worden ist. Der Name Mithra entstammt dem persischen und bedeutet »Vertrag«, im altindischen bedeutet mitra »Freund«.

Der Gott Mithra bestimmte die Entwicklung der Gesellschaft in Form vertragsartiger oder freundschaftlicher Beziehungen zwischen den einzelnen Gruppen der Gesellschaft. Diese Art der Religion kam durch ihre Grundstruktur der Funktionalität der römischen Gesellschaft entgegen. Der römische Kaiserkult entsprach in vielen entscheidenden Einzelheiten diesen durch den Gott Mithra vorgegebenen »Vertrags«-Richtwerten.

Die Mysterien des Mithra waren eine Sternenreligion. Die sieben Weihegrade der Mysterien entsprachen den sieben Wandel-

Mithra und Stieropfer, mit den Planeten und dem Tierkreis (Sydon-Syrien)

gestirnen des geozentrischen Weltsystems. Merkur, Venus, Mars, Jupiter, Saturn, Sonne und Mond umkreisen im geozentrischen Weltsystem als Planeten die Erde, die sich im Mittelpunkt des Universums befindet. Dem Tierkreis wird ebenfalls ein besonderer Raum eingeräumt. In der zentralen Darstellung des Stieropfers ist die symbolische Erschaffung der Welt durch Mithra enthalten. Die Feier der Mysterien wurde in Höhlen oder dunklen Räumen begangen.

Weiterhin gehörte zu dem Kreis des Verehrungswürdigen auch die dreiköpfige Hekate, die in den Mithras-Mysterien als ein Bild für die Weltseele verehrt wurde. Hekate, eine griechische Gottheit, wurde von Zeus hochgeehrt, der ihr die Kraft verlieh, dem Himmel, der Erde und dem Meer Segen zu spenden. Dargestellt wurde sie mit drei sich am Rücken berührenden Leibern oder mit einem Leib mit drei Köpfen. In der Göttin Hekate, eine Triasform, finden sich Parallelen zu dem indogermanischen Drei-Frauen-Kult. Diese Verwandschaft oder Ähnlichkeit schaffte die entsprechende Voraussetzung für die römisch-germanischen Mischkult-Religionsformen im Ubierland, im Raume Köln/Bonn.

Die maßgeblichen Träger dieses griechisch/römisch modifizierten persischen Mithras-Kultes waren Persönlichkeiten aus der römischen Gesellschaft, aus der römischen Verwaltung und Offiziere des römischen Heeres.

Das römische Reich wurde seinerseits aber auch zum Ausbreitungsträger für eine andere neue Religion, nämlich für das frühe Christentum. Die Römer betrieben zwar keine Missionierung für das Christentum, aber die römischen Soldaten und die Verwaltung gelangten in einen offiziellen und somit auch persönlichen Kontakt mit dem angetroffenen Christentum, nahmen die neuen, aber auch teilweise sehr verwandten Bilder dieser religiösen Thesen auf und wurden dadurch manchmal sogar aktive Anhänger.

Megalithisches Kult- und Orientierungsnetz

Als Beweis hierfür mag die bereits um 64 n. Chr. in Rom unter Kaiser Nero durchgeführte erste große Verfolgung der Christen gelten. In allen Ständen der römischen Gesellschaft fand diese neue Religion, das Christentum, trotz der Konflikte mit den staatsschützenden, offiziellen Gottheiten – hierzu zählte auch der Mithras-Kult – Eingang und eine starke unterschwellige Verbreitung. Begünstigt wurde diese Entwicklung durch eine Vielzahl von sich verzahnenden Ähnlichkeiten zwischen dem jungen Christentum und den althergebrachten Kulten. Vor diesem Hintergrund kann als sicher angenommen werden, daß römische Soldaten und Verwaltungsbeamte aller Chargen ab dem 1. Jahrhundert n. Chr. religiöse und kultische Inhalte des Christentums auch in die bedeutendste römische Ansiedlung im römischen Nordeuropa, in die Colonia Agrippinensis, das heutige Köln, einbrachten.

Aus dieser Zeitphase des sich mehr oder minder im Untergrund ausbreitenden frühen Christentums ist bekannt, daß der Fisch als christliches Symbol eine Art geheimes Erkennungszeichen für die verfolgten Christen untereinander darstellte.

Aus all diesen sich tolerierenden und ergänzenden religiösen Kontakten entwickelte sich in dem Ubierland um Köln in der Folgezeit ein religiöser und kultischer Schmelztiegel, aus dem sich, gefördert durch die religiöse/kultische Grundtoleranz des römischen Reiches, die vielfältigsten und sich gegenseitig religiös/kultisch durchdringenden Mischformen göttlicher Verehrungen entwickeln konnten.

So weist zum Beispiel ein in Köln gefundener Weihestein aus dem Jahre 164 n. Chr. folgende Inschrift auf:

»Den Aufanischen Matronen [s. GLV, S. 72] hat der Quaestor in Köln Quintus Vettius Severus das Gelübde gern und gebührend erfüllt, im Konsulat der Macrinus und Celsus.«

Zwangsläufig gilt diese umfassende religiöse/kultische Durchdringung mit den Ergebnissen entsprechender substituierender Kultformen auch für die Inhalte und Darstellungen der nachstehenden Kultbegriffe wie:

- die Trias der Drei Frauen beziehungsweise Drei Matronen (Ubier),
- drei Fische im Tierkreis und Drei Frauen (Mithras),
- zwei Fische und ein Fisch (Christentum),
- die Trinität (Christentum).

Hieraus leitet sich im Kölner Raum auch eine spezifische ikonographische Transformation der Darstellung des klassischen Symbols für das Tierkreiszeichen der Fische, normalerweise mittels zweier Fische dargestellt, in die bislang ungebräuchliche ikonographische Form der Darstellung durch drei Fische in dem Kölner Mithraeum ab.

Die drei indogermanischen Frauen-Gottheiten finden sich in den drei römisch-germanischen Matronen wieder und setzen sich einzigartig um in die originelle Gleichsetzung Drei Matronen = drei Fische:

Drei Matronen = drei Fische

Megalithisches Kult- und Orientierungsnetz

Im mithraeischen Tierkreis, dem Bodenmosaik der römischen Mithras-Kultbasis in Köln, der Baubasis für die christliche Basilika St. Gereon in Köln, finden sich also erstmalig die drei Fische als Tierkreissymbol (s. GLV, S. 153, 154).

Die Anfänge des frühchristlichen Kirchenbauwerkes St. Gereon mit dem imposanten römischen Zentralbau werden auf das 4. Jahrhundert datiert.

Mithras-Altar von Osterburken,
linke Bildleiste, 3. Bildmotiv von unten: die Drei Matronen

Mithras im Weltenei, umgeben vom Tierkreis (Modena, Museum)

Megalithisches Kult- und Orientierungsnetz

Da ebenfalls im Kult des Mithras eine göttliche Trinität im Raume Köln aufgefunden wurde, nämlich Mithras mit seinen Begleitern Cautes und Cautopates, ergeben sich ebenfalls Bezüge zu einer Trias.

Daß der ubische Drei-Frauen- oder der Drei-Matronen-Kult Eingang in den Kultbereich der Mithraeen gefunden hatte, beweist auch der Mithras-Altar von Osterburken. In der linken Seitenleiste des Altars von Osterburken befindet sich nämlich eine Einfügung von Drei Frauen oder Drei Göttinnen. Diese Drei Göttinnen tragen wie üblich Gegenstände: die linke hält in der Hand eine Rolle (Webspindel?), die mittlere eine Waage und die rechte einen nicht mehr erkennbaren Gegenstand.

Dreiköpfige, dreileibige Hekate aus dem Mithraeum in Sidon (Louvre, Paris)

11. Kapitel

Zusammenfassung der Ergebnisse

Das aus einer Vielzahl von unterschiedlichsten Detailuntersuchungen erstellte Stonehenge/Wormbach-System des megalithischen west- und mitteleuropäischen Kultur- und Kultbereiches läßt diesen europäischen Raum unter einem gänzlich neuen Blickwinkel in seiner Qualität erstehen.

Die bislang gewohnte Betrachtung der in diesem Raume einst lebenden Völker kann nicht nur, sondern muß mit vollem Recht gleichrangig neben die Qualität der anderen großen Kulturen gestellt werden.

Sicherlich haben die härteren klimatischen Gegebenheiten dieses Nordwest- und Mittelbereiches von Europa die Abläufe der Entwicklung schwieriger gestaltet. Die geistige Kreativität der die Entwicklung anleitenden Lenker dieser megalithischen Völker und der sich darauf aufbauenden Völker bis in das frühe Mittelalter ist aber daher als zumindestens gleichrangig zu bewerten.

Weiterhin ist eine praktizierte Kontakt-Vernetzung des west- und mitteleuropäischen Kultur- und Kultraumes mit dem mesopotamischen Kultur- und Kultraum schon in megalithischer Zeit als sicher anzusetzen.

Megalithisches Kult- und Orientierungsnetz

Einstieg, Phasenschritte, Ergebnisse, Folgerungen und Aspekte

1. Bereits in megalithischer Zeit wurde das heutige West-, Mittel- und Südeuropa von einem ausgerichteten Kult-, Orientierungs- und Ordnungsnetz überzogen.

2. Fixpunkte für die West/Ost-Linien, in Anerkennung für H. Dontenville, wurden erweitert in die Sternenstraßen 1. Ordnung aufgenommen und ergänzt.
   Lundy-Insel – Stonehenge – Wormbach auf 51,177° nördl. Breite, Brest, Hafen – Signal de Voudemont – Mont Saint-Odile auf 48,41° nördl. Breite, Pointe de Grave, (Gironde-Mündung), Orcival, Mt.-St-Michel (Challes-les-Eaux), Santuario d'Oropa, Padua auf 45,60° nördl. Breite und Noya-Hafen, Santiago de Compostella – Puente la Reina und Pic Bugarach auf 42,88° nördlicher Breite.

3. Die West/Ost-Sternenstraßen 1. Ordnung beginnen in Naturhäfen oder in großen Flußmündungen, Landungsstellen für Seefahrer aus Atlantis (s. Tintagel, England).

4. Die Sternenstraßen 1. Ordnung, geographische Breitengrade, sind in der Phase des Einstiegs in die Untersuchungen nicht errechnet worden, sondern ergaben sich aus der Häufung der geographischen Koordinaten von überlieferten alten Kultorten zu diesen Breitengraden oder auf diese Breitengrade.

5. Die Breitendifferenz von der nördlichsten zur südlichsten West/Ost-Sternenstraße 1. Ordnung beträgt 51,177° minus 42,88° = 8,297°.

6. Diese Breitendifferenz konnte gemäß Punkt 3 in drei Intervalle von 8,297° : 3 = 2,765 = 2,77° unterteilt werden.

7. Hiernach entsprechen die West/Ost-Sternenstraßen 1. Ordnung den heutigen geographischen Breitengraden auf:
51,177° nördlicher Breite
48,411° nördlicher Breite
45,645° nördlicher Breite
42,879° nördlicher Breite

8. Auf der Suche nach einem megalithischen Einheitsmaß wurde anfänglich eine megalithische Elle mit den Werten 0,829 Meter (Thom) beziehungsweise 0,827 Meter (Müller) und nachfolgend nur die noch im späten Mittelalter nachweislich verwendete iberische Vara oder Piè 0,836 Meter bis 0,86 Meter mit dem von mir abgeleiteten Wert der Vara (Kaminski)/megalithische Elle (Kaminski) = 0,84 Meter verwendet. Der iberischen Vara wurde der Vorzug gegeben, da sich dieses Maß nachprüfbar praktisch noch bis in die heutige Zeit erhalten hat.

9. Die Nord/Süd-Abstände von 2,77° geographischer Breite zwischen den West/Ost-Sternenstraßen 1. Ordnung ließen sich zum Beispiel unter Verwendung des Wertes für die megalithische Elle (Thom) bereits als 370,143 kME (Thom) darstellen.

10. In dem Faktor 370,143 läßt sich angenähert die Anzahl der Tage des tropischen Jahres von 365,242 erkennen.

11. Mit dem Wert von 0,840 m (Kaminski) für die megalithische Elle ergibt sich ein Nord/Süd-Abstand der West/Ost-Sternenstraßen 1. Ordnung von 365,242 kME (Kaminski).

Megalithisches Kult- und Orientierungsnetz

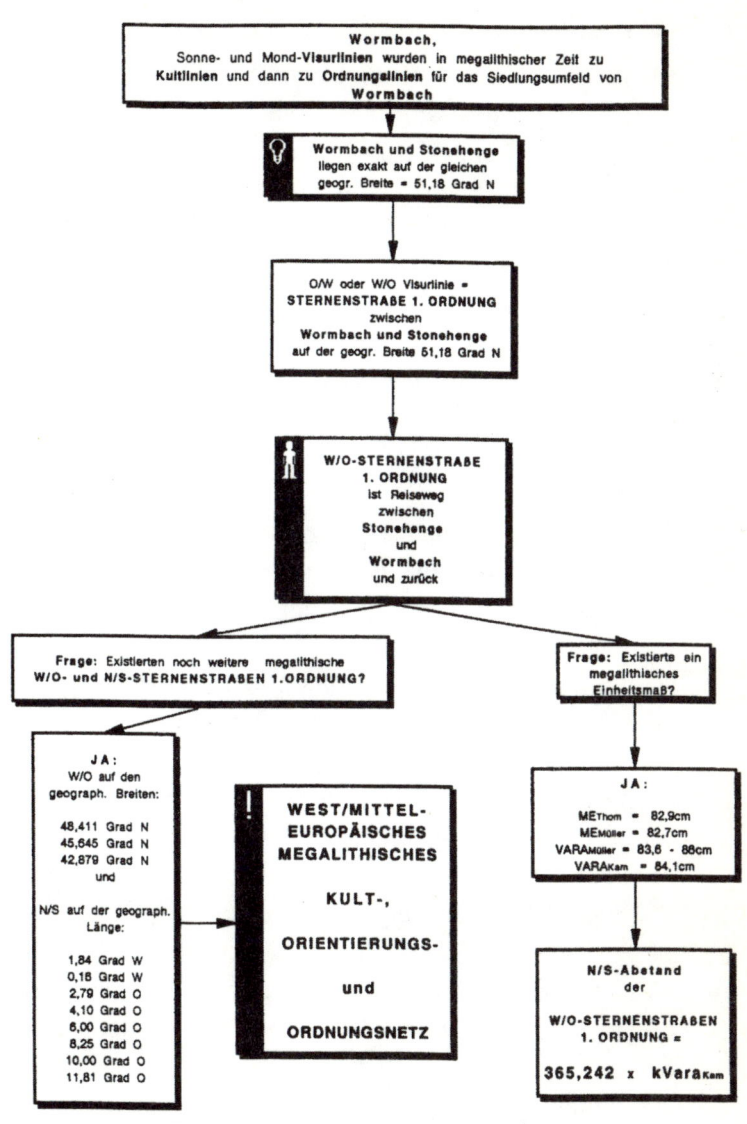

Logo 1

12. Die Megalithiker haben folglich den ihnen bereits bekannten genaueren Wert für die Länge des tropischen Jahres von 365,242 Tagen mit der von ihnen benutzten Maßeinheit ME (Kaminski) = 0,84 Meter zu dem Nord/Süd-Abstand der West/Ost-Sternenstraßen 1. Ordnung verknüpft und somit ihr Wissen, das zugleich auch eine kultische Wertqualität darstellte, überliefert. Der Nord/Süd-Abstand zwischen den West/Ost-Sternenstraßen 1. Ordnung beträgt dann in Kilometern:
365,242 x 840 m oder 0,840 km = 306,803 km.

13. Die mesopotamische megalithische Nippur- und Gudea-Elle

14. Der Wert der ME (Kaminski) läßt sich aus den Unterteilungen auf der Nippur-Elle, der 5.000 Jahre alten mesopotamischen Elle, die eine Gesamtlänge von 110,35 cm besitzt, wie folgt ableiten:
20,95 cm x 4 = 83,80 cm = 0,838 m = 0,84 m
20,90 cm x 4 = 83,60 cm = 0,836 m = 0,84 m

15. Die Gesamtlänge der Nippur-Elle beträgt 110,35 cm und läßt sich auch in anderen überlieferten europäischen Längenmaßstäben angenähert wiederfinden. Die alte englische Elle hat nämlich eine Länge von 111,4 cm.

16. Die Nord/Süd-Sternenstraßen 1. Ordnung (den heutigen Längengraden entsprechend) wurden ebenfalls von bedeutenden Kultorten, die sich auf der West/Ost-Sternenstraße 1. Ordnung 51,18° nördlicher Breite (Stonehenge-Wormbach) befinden, abgeleitet.

17. Hiernach folgen die Nord/Süd-Sternenstraßen 1. Ordnung den heutigen geographischen Längengraden:

Megalithisches Kult- und Orientierungsnetz

Kultort	Geographische Länge
Lundy-Insel, Bristol-Kanal	4,67° W
Stonehenge, England	1,84° W
Chiddingstone, England	0,16° O
Middelkerke, St. Idesbald, Belgien	2,79° O
Belsele, St. Niklaas, Belgien	4,10° O
St. Odilienberg, Niederlande	6,00° O
Wormbach, Deutschland	8,25° O
Hoher Meißner/Eschwege, Deutschland	10,00° O
Naumburg, Deutschland	11,81° O

18. Auf den Kreuzungspunkten der Nord/Süd-Sternenstraßen 1. Ordnung mit den West/Ost-Sternenstraßen 1. Ordnung oder in den engeren Kreuzungsbereichen befinden sich auch heute noch bedeutende christliche Kultorte, beziehungsweise aus diesen erwachsene große Städte.
Die Kultstättenkontinuität hat dafür gesorgt, daß die besonderen Orte nur ganz vereinzelt wieder völlig aufgegeben worden sind, d. h. völlig in die Bedeutungslosigkeit abgesunken sind.

19. Die Ablagen der Kultorte von der geometrischen Linie der Sternenstraßen 1. Ordnung sind in der Ebene praktisch zu vernachlässigen, sie erreichen dagegen ihre größten Ablagewerte in den schwer begehbaren Bereichen wie Gebirgen, Fluß- und Seenlandschaften usw.

20. Die West/Ost- und Nord/Süd-Sternenstraßen 1. Ordnung ergeben das megalithische west- und mitteleuropäische Kult- und Orientierungsnetz, das Stonehenge/Wormbach-System.

Sternenstraßen der Vorzeit

21. Die Feinunterteilung des Umfeldes derartiger Kreuzungspunkte – allesamt Kultstätten von hoher Bedeutung, Orte der Kraft, für frühe Siedlungsstrukturen und zugehörige Straßenführungen – erfolgte in Anlehnung an die Jahres-Hauptvisuren für Sonne und Mond, die Sternenstraßen 2. Ordnung, unter verständlicher Berücksichtigung der lokalen Siedlungsvoraussetzungen, wie Wasser, Sicherheit, leichte Begehbarkeit usw. (s. GLV, S. 184 ff., Wormbachprinzip).

22. Nach diesem Wormbachprinzip, erfolgte die Ordnung des Umfeldes eines bedeutenden Kultortes mittels der Sternenstraßen 2. Ordnung.
Das trifft auch für die Ordnung des Umfeldes von Stonehenge zu.

23. Hieraus folgt, daß zwischen Stonehenge und Wormbach nicht nur das verbindende Band der gleichen geographischen Breite bestand, sondern darüber hinaus gleiche geistige Bande und sogar direkte Kontakte hier gewirkt haben müssen. Die hierduch gegebene Analogie für die praktische Gestirnsbeobachtung wird durch nachstehende Berechnungen vergleichsweise dargestellt.

24. Die Ordnung des heutigen west- und mitteleuropäischen Raumes hat in diesen von den Megalithikern entwickelten Kult- und Orientierungsstrukturen des Stonehenge/Wormbach-Systems ihre Basis.

25. Die West/Ost-Sternenstraße 1. Ordnung auf der geographischen Breite von 42,88° Nord, an deren westlichem Ende der uralte Kultort Santiago de Compostella liegt, wurde in der christlichen Fortführung Teil des St. Jakobuspilgerweges.

Megalithisches Kult- und Orientierungsnetz

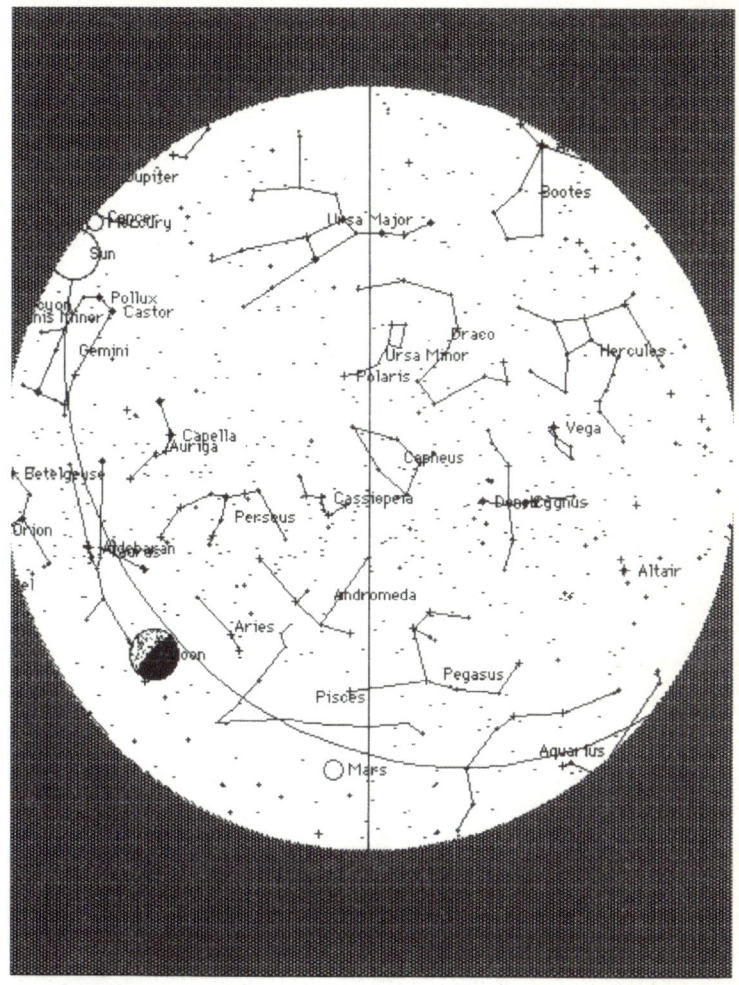

aturday, Jun 21, 1200 BC; 5:00:00 am; Time Zone: 0:00 (Daylight Time)
D: 1282929.66667
tonehenge-GB; Lon: W 1:50:00; Lat: N 51:11:00
z: 180:00:00; Alt: 90:00:00
A: 23:05:36; Dec: 67:00:23
cliptic Lon: 36:35:36; Lat: 61:46:41
ialactic Lon: 112:50:34; Lat: 6:13:54
ield of View Diameter: 180:00:00

Stonehenge,
Sonnenaufgang am 21. Juni 1200 BC und Sternenhimmel

Sternenstraßen der Vorzeit

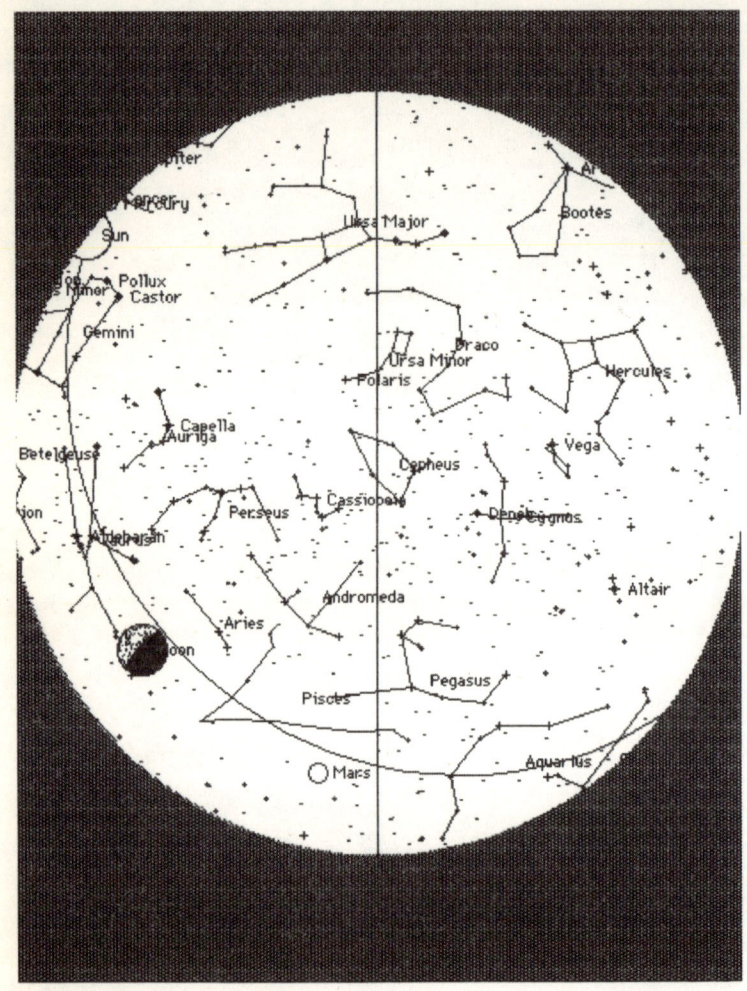

aturday, Jun 21, 1200 BC; 5:00:00 am; Time Zone: -1:00 (Daylight Time)
D: 1282929.62500
Vormbach-D; Lon: E 8:15:00; Lat: N 51:11:00
z: 180:00:00; Alt: 90:00:00
IA: 22:35:39; Dec: 66:06:49
cliptic Lon: 31:20:13; Lat: 63:44:49
lalactic Lon: 109:45:51; Lat: 6:46:36
ield of View Diameter: 180:00:00

Wormbach,
Sonnenaufgang am 21. Juni 1200 BC und Sternenhimmel

26. Rekonstruktion eines Pilgerweges über die Alpen auf der West/Ost-Sternenstraße 1. Ordnung 45,60° nördliche Breite. Die Überquerung der Alpen erfolgt entweder von West nach Ost oder umgekehrt, jeweils ist der Einstieg durch eine markante Michael-Verehrungsstätte gekennzeichnet.

27. Von Osten kommend, ist bei Biella, Santuario d'Oropa, eine zentrale Marien-Verehrungsstätte kennzeichnend. Die Jakobuspilger besuchten auf ihrem Weg nach Santiago de Compostella diese Marien-Verehrungsstätte.

28. Santuario d'Oropa: in vorchristlicher Zeit bestand hier ein Apollon-Heiligtum und eine Verehrungsstätte für Jungfrauen beziehungsweise Muttergöttinnen.

29 Der Einstieg in die Alpenüberquerung Ost nach West wird durch den Sacra Mt. Michele gekennzeichnet.

30. Aus dem megalithischen Maßstab, der von den Lenkern und Lehrern der megalithischen Völker durch das Land getragen wurde, entstand dann der christliche Pilgerstab. Ein Vergleich der Maße dieses Jakobus-Pilgerstabes läßt noch seine einstige Maßhaltigkeit im frühen Mittelalter erkennen.

31. Der Jungfrauen-, Frauen-, Mutter-, Mütter- oder der Drei-Matronen-Kult im indogermanischen, keltisch/gällisch und germanischen Kultraum läßt sich in den verschiedensten Varianten in West- und Mitteleuropa, d.h. im Untersuchungsbereich des Stonehenge/Wormbach-Systems nachweisen.

Sternenstraßen der Vorzeit

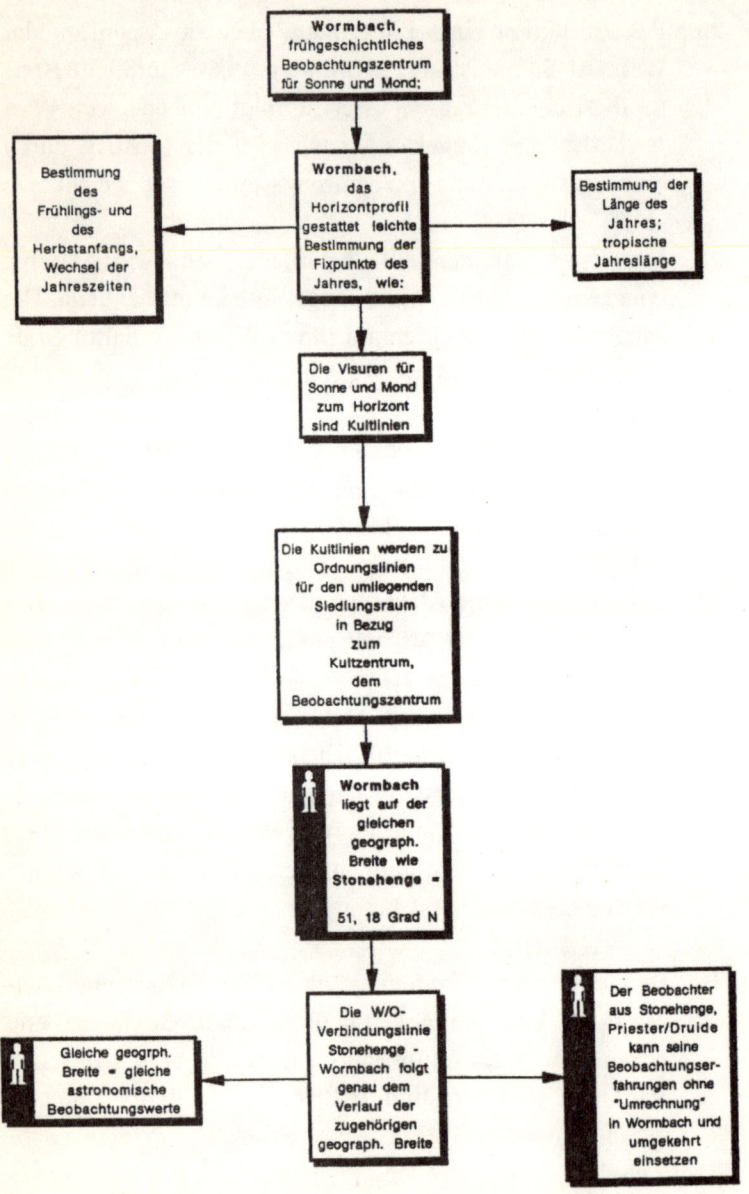

Logo 2

32. Wormbach: Ergänzung der 1982/1988er Interpretationen der Gewölbeausmalung mit dem Tierkreis einschließlich der Gewölbeschlußsteine.

33. Erzengel Michael oder Kaiser Heinrich II.?
Ersatz des Wodan durch den Erzengel Michael.

34. Germanische Verehrungstätten/Weihetage des Gottes Wodan wurden 813 auf dem Konzil von Mainz dem Erzengel Michael zugeordnet.

35. Darstellung des Beda im Gewölbeschlußstein des Mitteljochs in Wormbach.

36. 1989 neue Freilegungen von Pfeilerausmalungen und Wandausmalungen in Wormbach.

37. Götternamen der Kelten, Gallier, Germanen und Römer finden sich in heutigen Orts- beziehungsweise Landschaftsnamen, Hinweise darauf sind Silben wie Lug und Bel.

38. Mutter-, Jungfrauen-, und Matronen-Gottheiten.
Vorchristliche Zentren dieser Frauenkulte wie Wormbach, Worms, Köln, St. Odilienberg in Frankreich, St. Odilienberg in den Niederlanden, Chartres, Santuario d'Oropa bei Biela usw. wurden durch die Christianisierung zu bedeutenden Marien-Verehrungsstätten, als Stätten der Heiligen Odilie und deren Jungfrauen.

39. Orte der Drei-Jungfrauen-Verehrung (Trias) wurden, ohne daß eine offizielle Anführung in den Heiligenverzeichnissen der Kirche erfolgte, umgestaltet.

40. Im niederrheinischen römisch-gemanischen Kultkontaktbereich – Köln/Bonn – entstehen aus dem Mithras-Kult, dem ubischen Jungfrauen-Kult, dem Matronen-Kult, dem Isis-Kult und dem sich zur Staatsreligion entwickelnden frühen Christentum sich durchdringende, duldende und ergänzende variable Misch-Kultformen.

41. An bedeutenden Orten mit zeitlich weit zurückreichenden Kulttraditionen/-aktivitäten findet sich an oder in frühchristlichen Kirchen der Tierkreis oder Teile des Tierkreises.

42. Der Tierkreis gilt als Kultstättenindikator.

43. Die erst 1956 erfolgte Entdeckung und anschließende Freilegung eines vollständigen Tierkreises im Gewölbe einer frühchristlichen Kirche in Wormbach initiierte meine Studien. Die ersten Ergebnisse fanden 1988 ihren Niederschlag in meinem Buch »Die Götter des Landes Vestfalen« und führten in dem vorliegenden Buch zu einer west- und mitteleuropäischen zusammenfassenden Untersuchung der megalithischen Kult- und Metrologie-Entwicklung, einmündend in die Christianisierung vorgenannten Raumes. Weiterführende Untersuchungen bestätigten die Erstergebnisse von 1982/1988 und führten darüber hinaus zu der hier ausgewiesenen Aufdeckung eines megalithischen Kult-, Orientierungs- und Ordnungsnetzes für West- und Mitteleuropa mittels der Sternenstraßen 1. und 2. Ordnung, dem Stonehenge/Wormbach-System.

44. Der Tierkreis ist nicht nur ein Kultstättenindikator, sondern auch der weisende Anleiter zur Auffindung dieses megalithischen Kult-, Orientierungs- und Ordnungsnetzes für West- und Mitteleuropa, des Stonehenge/Wormbach-Systems.

Megalithisches Kult- und Orientierungsnetz

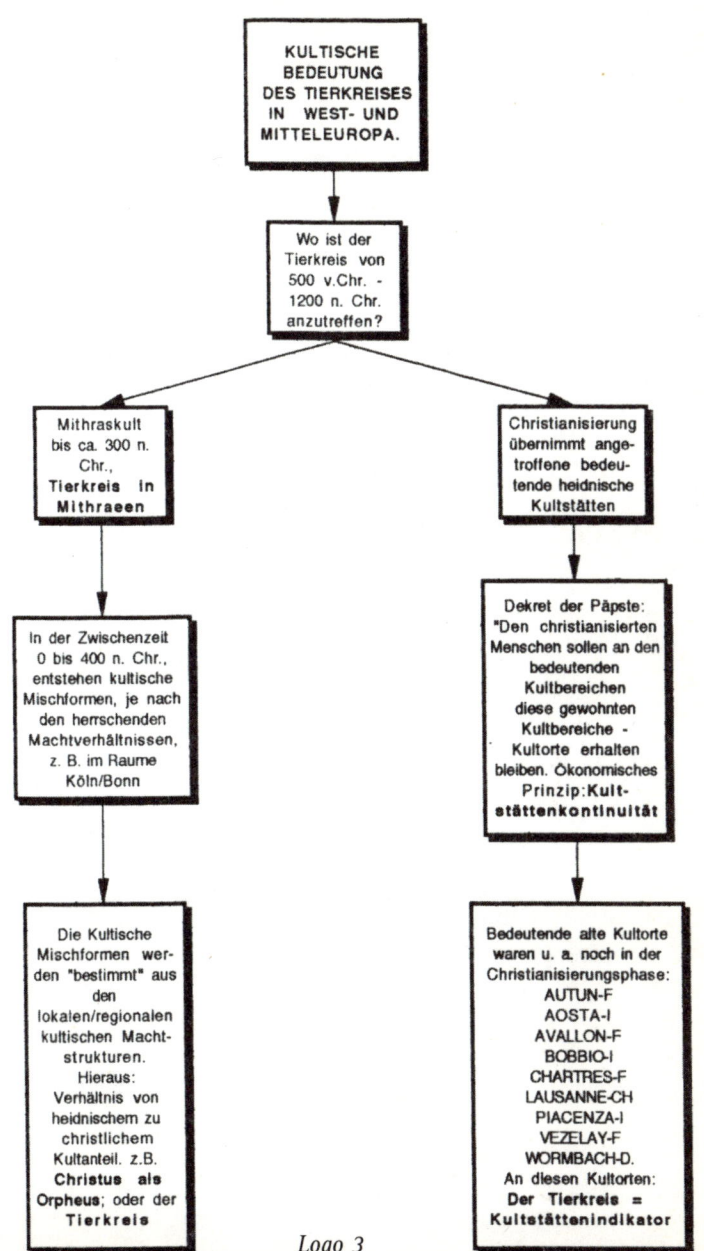

Logo 3

TEIL II:
BERECHNUNGEN UND TABELLEN

12. Kapitel

Ableitung der megalithischen West/Ost-Sternenstrassen 1. Ordnung und einer zugehörigen megalithischen Längenmasseinheit

Bei der Suche nach Kult-Sternenstraßen 1. Ordnung in West- und Mitteleuropa wurde von den Breitengraden ausgegangen, auf denen sich bereits bekannte frühe Kultstätten, Siedlungen beziehungsweise Pilgerwege nachweisen ließen. Zusätzlich ergab sich zwingend die Fragestellung, ob die Megalithiker bereits eine Längenmaßeinheit verwendeten, um ihre bis in die heutige Zeit bestaunten Steinsetzungen, zum Beispiel in Stonehenge, das unübersehbar als ein astronomisches Observatorium angelegt ist, zu konstruieren und zu errichten. Die großen Steinsetzungen schließen aus, daß derartige Großanlagen aus willkürlichen Setzungen der riesigen Steine entstanden sind.

Für einen Einstieg in die Beantwortung dieser Fragestellung stellte ich folgende Überlegungen an:

Santiago de Compostella, an der Nord-West-Spitze der Iberischen Halbinsel gelegen, war bereits schon in vorchristlicher Zeit ein bedeutender Kultort.

In Verbindung mit der Breitengradlinie Stonehenge-Wormbach ergibt sich ein Süd-Nord-Bereich in West- und Mitteleuropa, der in seiner Ausdehnung durch die Breitenkreise 42,88° Nord (Santiago de Compostella) im Süden und 51,177° Nord (Stonehenge/Wormbach) im Norden eingegrenzt wird.

Dieser megalithische west- und mitteleuropäische Kultbereich besaß demnach eine Nord/Süd-Ausdehnung von:

Berechnungen und Tabellen

I. $51{,}177° \text{ minus } 42{,}88° = 8{,}297°$

Es leuchtet ein, daß eine derartig große Entfernung zu ihrer Erfassung einer weiteren Unterteilung bedurfte. Diese Unterteilung, d.h. die Einfügung von weiteren West/Ost-orientierten Linien, also Breitengraden, erfolgte nun nicht willkürlich, sondern dieser Unterteilung ging ein intensives Studium der Positionierung von noch bekannten oder überlieferten frühen Kultorten in diesem west- und mitteleuropäischen Bereich voraus.

In diesem Bereich liegen West/Ost-orientierte Linien/Breitengrade mit einer auffallenden Konzentration von bekannten – sogar schon frühgeschichtlich bekannten – Kultorten auf diese Breitengrade wie:

1. Cabo Finisterre – Noya – Santiago de Compostella – Pamplona – Belvianes auf 42,88° nördlicher Breite
2. Gironde-Mündung – Angoulême – Le Puy – Mt.-St-Michel (Challes-les-Eaux) – Santuario d. S. Michele (Torino) auf 45,6° nördlicher Breite
3. Pays de Léon – Voudemont – Mont Sainte Odile auf 48,4° nördlicher Breite
4. Lundy – Stonehenge – Wormbach – Breslau auf 51,177° nördlicher Breite.

Hiernach ergab sich eine weitere auffallende Konzentration alter Kultorte auf zwei zusätzlichen West/Ost-orientierten Linien/Breitengraden. Die geographische Breitendifferenz von 8,297° (I) konnte folglich durch zwei weitere West/Ost-orientierte Linien in einem Abstand von jeweils 2,766° unterteilt werden:

II. $\dfrac{8{,}297°}{3} = 2{,}7656° \sim 2{,}766°$

III. 51,177° minus 2,766° = 48,411°
     48,411° minus 2,766° = 45,645°
     45,645° minus 2,766° = 42,879°

Die entscheidende Teilungsvoraussetzung war also hierbei, daß bereits bekannte frühgeschichtliche Kultstätten oder als solche noch erkennbare Siedlungszentren sich auffallend auf diese bestimmten Breitengrade konzentrierten.

Diese West/Ost-orientierten Linien/Breitengrade werden West/Ost-Sternenstraßen 1. Ordnung genannt.

Gemäß der Unterteilung III. konnten die weiteren West/Ost-Sternenstraßen 1. Ordnung mit den Werten 45,645° und 48,411° nördlicher Breite eingefügt werden.

Bei den Bemühungen, in die Gedankenwelt der Megalithiker einzutauchen, die vor mehreren Jahrtausenden ganz offensichtlich schon Ordnungskriterien für den west- und mitteleuropäischen Kultraum erdacht und auch in die Praxis umgesetzt haben, wurde zwangsläufig auch die Frage nach den verwendeten größeren Längen-Streckenmaßsystemen aufgeworfen.

A. Thom (1962) und R. Müller (1970) haben aus Vermessungen an mehr als 150 megalithischen Bauwerken, aus deren Größe und flächenmäßiger Anordnung ein diesen Bauwerken offensichtlich innewohnendes Längen-Einheitsmaß ableiten können. Dieses Einheitsmaß nannten sie eine megalithische Einheit oder die megalithische Elle (ME).

Thom bestimmte diese megalithische Längenmaßeinheit, die megalithische Elle (ME), als:

1 Megalithische Elle (ME) $_{Thom}$ = 0,829 m

Müller bestimmte aus seinen Messungen den Wert für diese Längenmaßeinheit als:

Berechnungen und Tabellen

1 Megalithische Elle (ME) $_{\text{Müller}}$ = 0,827 m

Mit diesem megalithischen Einheitsmaß, das über ganz West- und Mitteleuropa verbreitet war und nachweislich in Spanien mit einem ähnlichen Wert noch im Mittelalter benutzt wurde, ließen sich weitere Beziehungen zwischen dem Kult und einer bereits praktizierten megalithischen Metrologie finden.

Die geographische Breitendifferenz zwischen Stonehenge-Wormbach und Santiago de Compostella beträgt gemäß Punkt I.: 8,297°. Diese Breitendifferenz von 8,297° entspricht, nach heutiger geometrischer Vermessung des Erdkörpers, einer mittleren meridionalen Entfernung auf der Nord/Süd-Linie (= Meridian) zwischen den Breitengraden von Stonehenge-Wormbach und Santiago de Compostella =

IV. $\quad \dfrac{39\,941{,}7 \text{ km} \times 8{,}297°}{360°} = 920{,}545 \text{ km}$

Der Nord/Süd-Abstand von West/Ost-Sternenstraße zu West/Ost-Sternenstraße beträgt dann

V. $\quad \dfrac{920{,}545 \text{ km}}{3} = 306{,}848 \text{ km}$

Einer Entfernung von 306,848 km entsprechen zum Beispiel dann an megalithischen Maßeinheiten, d.h. in 1000 = k Megalithischen Ellen von 0,829 m$_{\text{Thom}}$

VI. $\quad \dfrac{306{,}848 \text{ km}}{0{,}829 \text{ m}_{\text{Thom}}} = 370{,}143 \text{ kME}_{\text{Thom}}$

Gleich, ob nun die erste West/Ost-Sternenstraße 1. Ordnung auf die geographische Breite von Santiago de Compostella-Puente la Reina oder auf Stonehenge-Wormbach gelegt wird, es folgen immer drei weitere West/Ost-Sternenstraßen im Nord/Süd-Abstand von 2,766°.

Hieraus folgt eine Nord/Süd-Entfernung von West/Ost-Sternenstraße zu West/Ost-Sternenstraße = 370,143 kME$_{Thom}$ (s. Punkt VI.).

Der Abstand von West/Ost-Sternenstraße zu West/Ost-Sternenstraße beträgt demnach

VI a. 370,143 x 1000 x 0,829 m$_{Thom}$ = 306 849 m oder
$$306,85 \text{ km}$$
oder
$$370,143 \text{ kME}_{Thom} = 306,85 \text{ km}$$

Ein Drittel der meridionalen Nord/Süd-Entfernung, d.h. der Abstand von West/Ost-Sternenstraße zu West/Ost-Sternenstraße zwischen den Breitengraden von Stonehenge-Wormbach und Santiago de Compostella beträgt demnach: 370,143 kME$_{Thom}$ (s. Punkt VI.). In dem Faktor 370,143 ließ sich annähernd die Anzahl der Tage des tropischen Jahres von 365,242 vermuten. Der Quotient

VI b. $\dfrac{370,143}{365,242} = 1,0134$

besagt, daß die aus der Breitengraddistanz und der vermessungstechnisch aufgefundenen megalithischen Längen-Maßeinheit errechnete Entfernungsmaßzahl – Faktor – fast genau gleich der Anzahl der Tage des tropischen Jahres ist. Es bleibt noch eine Diskrepanz von 1,34 Prozent zu erklären.

Die Abweichung vom heutigen Wert für die Länge des tropischen Jahres beträgt demnach + 1,34 Prozent. Eine Abweichung von nur 1,34 Prozent, bezogen auf die für damalige Verhältnis-

Berechnungen und Tabellen

se große Entfernung von 306,85 km, ist schon eine respektable Leistung der megalithischen Priester-Metrologen.

In die vorgenannten Überlegungen ist zusätzlich einzubringen, daß die Megalithiker ganz sicher für die Länge des tropischen Jahres nicht mit einem Wert von 370,146 Tagen, sondern bereits mit einem Wert operierten, der nur unwesentlich von dem heutigen Wert, nämlich 365,242 Tagen, abwich (s. GLV, S. 237).

Die Megalithiker haben diesen von ihnen bestimmten Wert, 365,242 Tage = Länge des tropischen Jahres, der für sie die Bedeutung einer »kultischen Qualität« besaß, »festschreiben« wollen.

Das erreichten sie dadurch, daß die megalithischen Priester-Metrologen diesen Wert als konstanten Faktor in die megalithischen Entfernungseinheiten einführten.

Hieraus folgt, daß der Thom/Müller-Wert für die megalithische Elle sich nur geringfügig ändern müßte, um diesen Ansatz – wahrer Wert für das tropische Jahr = 365,242 Tage – als Faktor zu erfüllen.

Es ergibt sich dann die nachstehende Beziehung gemäß dem eingangs dargestellten Ansatz, daß die Gleichung

VI a. $370{,}143 \times 1000 \times 0{,}829 \, m_{Thom} = 306\,849 \, m = 306{,}85 \, km$

umzuformen ist in

VI b. $365{,}242 \times 1000 \times \text{ideale ME} = 306{,}85 \, km$

Hieraus ergibt sich

VI c. $\text{ideale ME}_{Kam} = \dfrac{306{,}85 \, km}{365{,}242 \times 1000} = 0{,}840 \, m$

Auf der Iberischen Halbinsel hat sich nachweislich als gebräuchliche Maßeinheit die megalithische Elle bis in das späte Mittelalter als die spanische Vara erhalten (R. Müller).

Im folgenden Kapitel, »Geschichtliche Längenmaße«, werden für die heute noch erfaßbaren Werte der altspanischen Vara/Pie Angaben von 83,6 bis 86 cm überliefert. Der Mittelwert ergibt sich hieraus zu 84,8 cm = 0,848 m.

Setzt man diesen geschichtlich überlieferten altspanischen Vara-Mittelwert von 0,848 m in Gleichung VI b· ein und formt diese um, so ergibt sich

VII. $\quad \dfrac{306,85}{0,848} = 361,85$

Dieser Wert kommt dem heutigen Wert des tropischen Jahres von 365,242 Tagen wesentlich näher. Der Faktor nähert sich also dem realen Wert des tropischen Jahres.

Der Wert der spanischen Vara$_{Kam}$, der iberischen megalithischen Elle, hat einen von A. Thom – 0,829 m – abweichenden Wert von:

$\quad$ 1 Vara (VA) = 0,84 m

Durch Einsetzen dieses Wertes der spanischen Vara$_{Kam}$ = 0,840 m – Mittelwert der auf der Iberischen Halbinsel überlieferten megalithischen Elle – in die Gleichung VII. ergibt sich:

VII a. $\quad \dfrac{306,85 \text{ km}}{0,84 \text{ m}_{Kam}} = 365,30 \text{ kVA}$

Der vorstehend ermittelte Faktor (VI.)$_{Thom}$ mit dem Wert 370,146 wird durch Einsetzen des Wertes für die spanische Vara$_{Kam}$ = 0,840 m zu 365,30. Aus dem Ergebnis wird ersichtlich, daß der Wert für die spanische Vara von 0,84 m sich wesentlich »besser« in die Rechnung einfügt. Mit dem Wert der Vara von 0,840 m wird der Faktor zu 365,30, und mit einem Wert von 0,848 m für die Vara wird der Faktor zu 361,85.

Die Faktoren 365,30 beziehungsweise 361,85 unterscheiden sich nur noch wenig von dem exakten Wert 365,242 für die Anzahl der Tage des tropischen Jahres.

VI c. 1 ideale megalithische KiloVara$_{Kam}$ = 840 m

Die Megalithiker haben also offensichtlich für die Bestimmung oder Festlegung von größeren Entfernungen für die meridionale (Nord/Süd-) Entfernung eine noch größere Maßeinheit eingeführt, indem sie das Tausendfache der megalithischen Elle (ME) oder auf der Iberischen Halbinsel der Vara (VA), die megalithische KiloVara, mit dem für sie kultisch bedeutenden Faktor, der Anzahl der Tage des tropischen Jahres = 365,91 oder besser mit dem genauen Wert 365,242 – der exakten Länge des tropischen Jahres – als Faktor verbanden, um die nächst größere metrologische Einheit, das 365,242fache der KiloVara$_{Kam}$

VI d.   365,242 x 840 m$_{Kam}$ = 306 803 m = 306,803 km

als die meridionale Entfernung der West/Ost-Sternenstraße 1. Ordnung festzuschreiben.

Man kann sicherlich die Überlegung anstellen, daß diese »Vordenker« der damaligen Menschheit ihre Kenntnis von der Länge des Jahres in eine größere Längen-Entfernungs-Dimensionierung symbolisch hineinlegten, um dieses für sie bedeutende kultische Wissen festzuschreiben, und daß sie vielleicht auch durch die Überlegung angeleitet wurden, diesen Wert dadurch zu überliefern.

Ähnliche Praktiken werden heute gelegentlich noch angewendet. So werden Raumsonden, die das Planetensystem verlassen sollen, mit entsprechenden Symbolträgern in Form von graphisch gestalteten Plaketten versehen, die für unbekannte Zivilisationen, auf die diese Raumsonden in Millionen von Jahren vielleicht treffen könnten, bestimmt sind.

Hiermit sollen Informationen in kommende Zeiten »lesbar« übermittelt werden. Die galaktischen Zivilisationen, die – wenn überhaupt vorhanden – diese Raumsonden mit der Nachricht auffinden sollten, werden dann ganz sicherlich noch größere Schwierigkeiten als wir haben, in das Denken von ihnen völlig unbekannten Intelligenzen und Kulturen einzutauchen, um diese Informationen verstehen zu können.

Weiterhin muß aber angenommen werden, daß die Priester-Astronomen oder -Metrologen der megalithischen Kulturen die genaue Länge des tropischen Jahres schon besser kannten, als sie hier aus den Gleichungen VI., VII. und VIIa. abgeleitet wurde. Man kann folglich voraussetzen, daß der auch in anderen Großkulturen, zum Beispiel im Zweistromland, bereits bekannte Wert von 365,242 Tagen für die Länge des tropischen Jahres bei den Megalithikern in West- und Mitteleuropa generell verwendet worden ist.

Wird dieser Wert 365,242 in obige Gleichungen in einer Variante eingeführt, ergibt sich unter Nutzung nachstehender Beziehung ein Wert für die spanische KiloVara oder KiloMegalithische Elle$_{Kam}$ von:

VIII. $\dfrac{8{,}297° \times 110{,}95}{365{,}242 \times 3} = 0{,}8401 \text{ km} = 840 \text{ m}$

1 Megalithische KiloVara$_{Kam}$ = 840 m$_{Kam}$

VIc. 1 Megalithische Vara$_{Kam}$ = 0,840 m$_{Kam}$

Berechnungen und Tabellen

Die in Mesopotamien von den Sumerern verwendete Nippur-Elle mit einer Länge von 110,35 cm erlaubt, die altspanische Vara und auch die megalithische Elle angenähert als das 0,75fache dieser Nippur-Elle darzustellen:

IX.   110,35 cm x 3/4 = 82,7 cm

Die aus der Verknüpfung von überlieferten megalithischen und darauf gründenden frühchristlichen Kultstätten abgeleiteten megalithischen Entfernungseinheiten und eventuellen Flächeneinheiten wären demnach:

VI c.   1 ME = 1 Vara $(VA)_{Kam}$ = 0,840 m

IX.   1 QuadratVara$_{Kam}$ = 0,840 m x 0,840 m = 0,7056 qm

X.   1 GroßVara$_{Kam}$ = 10 Varas = 10 x 0,840 m = 8,40 m

XI.   1 KiloVara$_{Kam}$ = 100 GroßVA = 1000 Varas = 840 m

XII.   1 Nord/Süd-Entfernungseinheit
oder die
West/Ost-Sternenstraßen-Entfernung =
365,242 kVA$_{Kam}$ = 306,80 km

Bei allen weiteren Untersuchungen und megalithischen-metrologischen Analysen benutze ich als Wert für die megalithische Elle nicht mehr den Thom/Müller-Wert von 0,829 m beziehungsweise 0,83 m, sondern den historisch und metrologisch überlieferten und dadurch abgesicherteren Wert der iberischen Vara, den Wert der Vara$_{Kam}$ = 0,8401 m.

Mit dem geographischen Nord / Süd-Breitenabstand von 2,766° von West/Ost-Sternenstraße zu West/Ost-Sternenstraße zwischen Santiago de Compostella und Stonehenge-Wormbach ergeben sich demnach zwei weitere West/Ost-Sternenstraßen 1. Ordnung:

XIII. $2,766° = 365,242 \text{ kVA} = 306,8398 = 306,84 \text{ km}$

XIV. $\dfrac{365,242 \text{ kV}}{2,766°} = \dfrac{306,84 \text{ km}}{2,766°} = 132,05 \text{ kVA} = 110,93 \text{ km/}^0$

110,93 km = 1 Grad geographische Breitengrad-Distanz

Die in die zusammenfassende Gleichung (VIII.) eingesetzten unterschiedlichen Werte für die Zahl der Tage des tropischen Jahres ergeben jeweils andere Werte für die megalithische Elle oder megalithische Vara:

$$\dfrac{8{,}297 \times 110{,}93 \text{ km}}{365{,}30 \times 3} = 0{,}83985 \text{ m} = 0{,}840 \text{ m}$$

1 Megalithische kVara = 840,0 m

$$\dfrac{8{,}297 \times 110{,}93 \text{ km}}{370{,}146 \times 3} = 0{,}82885 \text{ m} = 0{,}829 \text{ m}$$

1 Megalithische kVara = 829,0 m

$$\dfrac{8{,}297 \times 110{,}93 \text{ km}}{365{,}242 \times 3} = 0{,}83998 \text{ m} = 0{,}840 \text{ m}$$

1 Megalithische kVara$_{Kam}$ = 840,0 m

Die gebräuchliche megalithische Grund-Maßeinheit dürfte also im »alltäglichen« Gebrauch mit dem Wert der spanischen Vara = 0,84 m$_{Kam}$ verwendet worden sein.

Berechnungen und Tabellen

Bei allen diesen Überlegungen und Rechnungen muß aber immer wieder darauf hingewiesen werden, daß unsere heutigen Genauigkeitsvorstellungen und Zahlenwerte nicht dazu verleiten dürfen, gleiche Genauigkeitsanforderungen an die Metrologie der Megalithiker vor fünf- bis sechstausend Jahren zu stellen.

Die hier angewendeten Genauigkeiten und Zahlenwerte sollen helfen, uns mit den entsprechenden Genauigkeitsabstrichen in die Gedankenwelt dieser großartigen spirituellen und zugleich praktischen Geister hineinzufinden. Denn allein die Ergründung und nachfolgende Praktizierung dieser Beziehungen stellen eine großartige Leistung der damaligen Vordenker dieser megalithischen Völker dar.

Auf diesem Gebiet ist heute noch eine enorme kreative Arbeit zu erbringen, um in deren Gedankenwelt eintauchen zu können.

Die in der zusammenfassenden Gleichung (VIII.) im Zähler angeführten Faktoren wie 8,297° und der Wert von 110,93 km/Grad sind Werte, von denen wir annehmen, daß sie erst mit den heutigen Meßmöglichkeiten erfaßbar wurden; diese Annahme bedarf sicherlich einer entscheidenden Korrektur.

Der Vergleich des Distanzwertes für 1 Grad Länge von 110,93 km mit dem 5.000 Jahre alten Längenmaß der Nippur-Elle weist aus der nachstehenden Beziehung eine wesentlich ältere Bekanntheits- und Anwendungsqualität aus, nämlich 110,93 km dividiert durch die Länge der Nipur-Elle =

XV. $\quad \dfrac{110.930 \text{ m}}{1,1035 \text{ m}} = 100.526 = \sim 100.000$ Nippur-Ellen

Hiernach wäre das vor 5.000 Jahren verwendete Längenmaß der Sumerer angenähert der 100.000ste Teil eines heutigen Längengrades auf der Erdkugel! Zufall – oder?!

Sternenstraßen der Vorzeit

An die Stelle dieser hier eingesetzten Werte trat bei den damaligen nordeuropäischen Priester-Astronomen und der von ihnen praktizierten Metrologie eine uns heute unbekannte Methodik der Entfernungsbestimmung. Diese unbekannte, aber praktizierte Methode kann zur Zeit noch nicht nachvollzogen werden. Die Nord/Süd-Entfernungen zwischen den einzelnen West/Ost-Sternenstraßen sind dann offensichtlich durch Aufaddierung der Entfernungen zu einer größeren Entfernungsdistanz verkoppelt worden. Hiermit wurde begonnen, ein Netzwerk von gradlinigen Richtstraßen über West- und Mitteleuropa zu legen, um sich innerhalb dieses Netzwerkes zu bewegen und zu orientieren. Hierbei ist unbedingt zu berücksichtigen, daß eindeutig die kultische vor der ökonomischen Anwendungsqualität rangierte. Mit dieser Feststellung soll nicht die ökonomische Qualität der Anwendung gemindert, sondern nur der Hinweis gegeben werden, daß der Kult die Basis für eine ökonomische Anwendung, zum Beispiel für die Orientierung über größere Entfernungen, gewesen ist. Die hier zuvor nur aus der erkannten Positionierung uralter Kultstätten in West- und Mitteleuropa im Verlauf bestimmter heutiger Breitengrade und deren Breitenunterteilung abgeleiteten West/Ost-Kult- oder Sternenstraßen 1. Ordnung erfahren somit durch die oben dargestellte metrologische Verknüpfung ihrer Nord/Süd-Distanzen mit der megalithischen kultischen Längenmaßeinheit,

der megalithischen $Vara_{Kam}$ = 0,840 m,
der megalithischen $KiloVara_{Kam}$ = 840 m
und mit dem Faktor = 365,242 = Tage des tropischen Jahres

eine neue Entfernungs-Einheit, die Nord/Süd-Entfernungseinheit der West/Ost-Sternenstraßen mit dem Wert von

XIII. $0,840 \, m_{Kam} \times 1000 \times 365,242 = 306\,803 \, m = 306,803 \, km$

Berechnungen und Tabellen

Eine megalithische Nord/Süd-Entfernungseinheit zwischen den West/Ost-Sternenstraßen 1. Ordnung besitzt demnach den Wert von

$$306{,}803 \text{ km} = 365{,}242 \text{ kVara}_{Kam}$$

Die oben zitierte und angewendete Nippur-Elle und die in ihr enthaltene Dimension der megalithischen Vara beziehungsweise Elle erfordert eine Vorstellung dieses mesopotamischen Einheitsmaßes und ihrer Beziehung zu der heutigen meridionalen Länge eines Grades geographischer Länge, denn der in Nippur/Mesopotamien aufgefundene vierkantige Bronzestab aus dem Jahre zirka 2500 v. Chr. mit einer Länge von 110,35 Zentimetern stellt offensichtlich ein in der damaligen Zeit gebräuchliches Ur-Längenmaß dar.

Aus den für West- und Mitteleuropa wiedergefundenen West/Ost-und Nord/Süd-Sternenstraßen 1. Ordnung und ihrer nachgewiesenen Bedeutung für eine Ordnung des europäischen Raumes entwickelte sich zwangsläufig die Fragestellung nach der Metrologie der megalithischen Völker. Die Frage nach einem Einheitsmaß mußte beantwortet werden. Es ist schwer einsehbar, daß die Megalithiker ihre großartigen Bauwerke und deren Anordnung zueinander nach rein zufälligem Vorgaben gestalteten (s. Kapitel 16 und 17).

Thom und Müller haben aus der Vermessung einer großen Anzahl megalithischer Bauwerke ein Einheitsmaß, die megalithische Elle, mit einem Wert von $0{,}829 \text{ m}_{Thom}$ und $0{,}827 \text{ m}_{Müller}$ ableiten können. Müller wies seinerseits bereits darauf hin, daß sich das megalithische Einheitsmaß, das noch im späten Mittelalter und nachweislich sogar in noch jüngerer Zeit auf der Iberischen Halbinsel verwendet wurde, als Vara mit dem Wert von zirka 0,83 m - 0,86 m wiederfinden läßt. Ich wollte mich mit diesen Feststellungen von Thom und Müller nicht zufriedengeben, sondern stellte die Frage nach einer begründenden Beantwortung der Herkunft, der Ableitung dieses megalithischen Einheitsmaßes von zirka 0,83 bis 0,86 m. Diese Frage ist mit den obigen Ausführungen beantwortet worden.

Aus den Nord/Süd-Abständen der West/Ost-Sternenstraßen 1. Ordnung wurde andeutungsweise eine Entfernungs-Beziehung zwischen der megalithischen Elle, der Vara und den Kilometer-Abständen, d.h. den Nord/Süd-Distanzen der West/Ost-Sternenstraßen 1. Ordnung, auf den Meridianen ersichtlich. Diese angedeutete Beziehung zwischen der meridionalen Distanz in Kilometer pro Grad geographischer Breite und dem Nord/Süd-Abstand der West/Ost-Sternenstraßen 1. Ordnung in Einheiten der megalithischen Elle$_{Kam}$ oder der Vara erforderte weitere Untersuchungen nach der Herkunft und Ableitung dieses Einheitsmaßes. Somit stand die schwierige Aufgabe an, nach der Herleitung einer großräumig übergreifenden Metrologie der Megalithiker zu forschen (s. GLV, S. 237).

Als hilfreiche Ausgangsparameter standen folglich zur Verfügung: das aus den Vermessungsarbeiten an megalithischen Bauwerken von Thom und Müller abgeleitete megalithische Längen-Einheitsmaß, die megalithische Elle mit einem Wert von ~0,83 m sowie die iberische Vara mit einem Wert von ~0,84-0,86 m und der bei den Ausgrabungen der University of Pennsylvania im religiösen Zentrum Sumers, in Nippur/Mesopotamien (Irak), an der Süd/West-Seite des Ekur-Tempels gefundene vierkantige Bronzestab mit verschiedenen Unterteilungen und einer Gesamtlänge von 110,35 cm, die sogenannte Nippur-Elle. Das Alter des Stabes ist auf die Zeit um zirka 2500 v. Chr. datiert worden.

Die Nippur-Elle, dieses vor fast 5.000 Jahren verwendete Längenmaß aus dem Zweistromland, wurde in die Untersuchungen mit einbezogen, da hier erstmalig ein Längenmaßstab, ein megalitisches »Urmaß« vorlag.

Berechnungen und Tabellen

Damit war es nicht mehr nötig, »gedankliche Akrobatik« zu betreiben, um in die Metrologie weit zurückliegender, aber verwandter Kulturen einzudringen, sondern es stand eine reale Meßlatte aus megalithischer Zeit für die Beantwortung dieser Fragestellungen zur Verfügung.

Der Bronzestab, die Nippur-Elle, weist folgende Unterteilungen auf:

256,0	mm
67,0	mm
209,5	mm
241,5	mm
67,5	mm
53,0	mm
209,0	mm
Σ = 1103,5	mm

Die Summe der Teilungen, die Gesamtlänge der Nippur-Elle beträgt:

1103,5 mm = 110,35 cm = 1,1035 m

Wie schon bei der Herleitung der megalithischen Elle stellte ich auch bezüglich der Nippur-Elle = 110,35 cm die Frage, wie sich dieses Längenmaß erklären oder von einer Grundbasis ableiten läßt.

Die Beantwortung dieser Frage mußte zwangsläufig einen wichtigen Einstieg in die archaischen Urformen der mesopotamischen Metrologie und damit auch in die Entwicklung megalithischer Denkstrukturen eröffnen. Das unerwartete Ergebnis sei hier vorangestellt:

Sternenstraßen der Vorzeit

Die fast 5.000 Jahre alte Nippur-Elle mit einer Länge von 110,35 cm läßt sich als ein Hunderttausendstel des meridionalen Abstandes eines heutigen Grades geographischer Breite darstellen!

Der Erdumfang, einem Längengrad über die Pole folgend gemessen, beträgt: 39.941,7 km. Ein Grad geographischer Breite enspricht demnach einer Entfernung von:

$$\frac{39.941{,}7 \text{ km}}{360°} = 110{,}94 \text{ km}/° = 110.940 \text{ m}/° \text{ Breite}$$

Die Anzahl Nippur-Ellen pro Grad geographischer Länge beträgt folglich:

$$\frac{110.940 \text{ m}}{1{,}1035 \text{ m}} = 100.535 = \sim 100.000 \text{ Nippur-Ellen}/° \text{ Breite}$$

Hieraus ergibt sich, daß die Nippur-Elle, zirka aus dem Jahre 2500 v. Chr., sich angenähert darstellen läßt als 1/100.000stel des Abstandes/Entfernung eines heutigen meridionalen Grades!

Aus dieser gleichen Beziehung des Abstandes beziehungsweise der Entfernung eines heutigen geographischen Breitengrades würde sich ein heutiger Wert für diese Elle von

$$\frac{110.940 \text{ m}}{100.000} = 1{,}1094 \text{ m}$$

ergeben.

Die Differenz, der »Fehler« der vor zirka 5.000 Jahren bereits benutzten Nippur-Elle gegenüber der »heutigen Elle«, würde demnach nur

Berechnungen und Tabellen

110,940 cm minus 110,35 cm = 0,55 cm = 5,5 mm =

$$\frac{0,55 \text{ cm}}{110,94 \text{ cm}} = 0,00496 \sim 0,5\%$$

betragen!

Die von A. Thom und R. Müller aus den Vermessungen von megalithischen Bauwerken abgeleitete megalithische Elle mit den Werten um 0,83 cm läßt sich aus der Länge der Nippur-Elle wie folgt ableiten:

1,1035 m x 3/4 = 0,8276 m

Die alte englische Elle hat eine Länge von 1,114 m. Das Verhältnis zur Nippur-Elle ist:

$$\frac{1,1140 \text{ m}}{1,1035 \text{ m}} = 1,0095$$

Die alte englische Elle enthält demnach 1,0095 = ~ 1 Nippur-Elle, oder die alte englische Elle entspricht praktisch ebenfalls der Länge der Nippur-Elle.

Der Wert für das alte iberische Längenmaß, die Vara = 0,84 - 0,86 m, leitet sich aus der englischen Elle = 1,114 m durch nachstehende Beziehung ab:

1,114 m x 3/4 = 0,8355 m = ~ 0,84 m

Weiterhin läßt sich ebenfalls der Wert für die iberische Vara$_{Kam}$ = 0,84 m aus zwei Längenunterteilungen von 20,95 cm beziehungsweise 20,9 cm auf dem Bronzestab der Nippur-Elle wie folgt ableiten:

20,95 cm x 4 = 83,80 cm
oder
20,90 cm x 4 = 83,60 cm

Eine derartige Übereinstimmung mit dem heutigen Nord/Süd-Abstandswert für ein Grad geographischer Breite überrascht, wird aber bei genauerer Betrachtung aus der Bestimmung dieses Wertes leicht einsichtig.

Der alexandrinische Astronom Eratosthenes (276–195 v. Chr.) bestimmte den Umfang der Erde mit einer Genauigkeit, die nur unwesentlich von dem heutigen Wert des Umfanges der Erde, gemessen über die Pole, also eines Längenkreises, abweicht.

Eratosthenes stellte folgende Überlegung und zugehörige Messungen an: Am 21. Juni spiegelte sich in einem tiefen Brunnen in Syene, dem heutigen Assuan, die Sonne. Die Koordinaten von Alexandrien und Assuan sind:

	geographische Länge	geographische Breite
Alexandrien	30,0° Ost	31,06° Nord
Assuan	32,4° Ost	24,0° Nord

Die Sonne stand folglich am 21. Juni im Zenit von Syene. Am gleichen Jahrestag konnte Eratosthenes in Alexandrien, das fast auf dem gleichen Meridian wie Syene liegt, die Zenitdistanz der Sonne zu 7° 12 Minuten = 7,2° bestimmen. 7,2° ist $1/50$ eines Vollkreises mit 360°.

Eratosthenes war aus zeitgenössischen Messungen die Entfernung zwischen Alexandrien und Syene zu 5.000 Stadien bekannt.

Der Erdumfang beträgt somit:

50 x 5.000 Stadien = 250.000 Stadien

Berechnungen und Tabellen

Wird für den Wert eines Stadions das ägäisch/attische Stadion mit ~160 m eingesetzt, dann folgt hieraus der Umfang der Erde über die Pole gemessen zu:

250.000 x ~ 160 m = ~ 40.000.000 m = ~ 40.000 km

Die Nord/Süd-Distanz für ein Grad geographischer Breite beträgt dann:

$$\frac{40.000 \text{ km}}{360°} = 111,111 \text{ km}/°$$

Eratosthenes' Bestimmung des Erdumfangs; sumerische Methode

Wird der heutige Wert des Erdumfangs über die Pole mit 39.941,7 km in Ansatz gebracht, dann ergibt sich für ein Meridiangrad:

$$\frac{39.941{,}7 \text{ km}}{360°} = 110{,}95 \text{ km/Grad} = 110.950 \text{ m } /^0 \text{ Breite}$$

Eine Nippur-Elle mit der Länge von 1,1035 m ist folglich:

$$\frac{110.950 \text{ m}}{1{,}1035 \text{ m}} = 1/100.544 = \sim 1/100.000 \text{ eines Meridiangrades}$$

Der »Fehler«, besser gesagt die Abweichung, beträgt nur 0,6 Prozent.

Diese Methode der ersten Erdmessung, die in den Überlieferungen dem Eratosthenes zugeschrieben wird, ist ganz offensichtlich schon weit vor der Zeit des Eratosthenes von den Sumerern in Mesopotamien angewendet worden (s. als Beweis hierfür die ausgegrabene Nippur-Elle und Gudea-Elle).

Da das Zweistromland, Mesopotamien, praktisch auf der gleichen geographischen Breite – 31,8 Grad Nord – wie Alexandrien – 31,06 Grad Nord – liegt, hat Eratosthenes diese aus Mesopotamien übernommene Methode lediglich auf Ägypten übertragen.

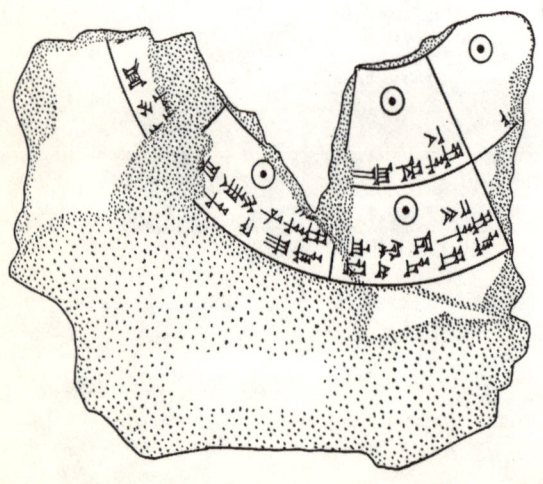

360°-Einteilung = 12 x 30° auf mesopotamischem Tierkreis (British Museum)

Berechnungen und Tabellen

Diese auffallenden Übereinstimmungen beziehungsweise die Darstellung des west- und mitteleuropäischen megalithischen Einheitsmaßes als ganzzahliger Teil der aufgefundenen megalithischen Nippur-Elle sollten zum weiteren Nachdenken über damals bereits vorhandene großräumige Kontakte der Megalithiker anregen.

Da aber diese vorgenannten Längen-Beziehungen auch in die Nord/Süd-Distanzen der West/Ost-Sternenstraßen 1. Ordnung eingehen, sind sicherlich in Holz gefertigte Kopien der Nippur-Elle, als »Heiliger Maßstab«, als »Pilgerstab« vom Zweistromland kommend, bereits in megalithischer Zeit durch kultische Wanderungen in Mittel- und Westeuropa verbreitet worden.

Für die Sonderstellung und Bedeutung dieses Grundmaßstabes, der Nippur-Elle, spricht sicherlich auch der Auffindungsort, der Ekur-Tempel in Nippur. Offensichtlich ist diese Elle, gemäß ihrer Bedeutung, in dem Tempel als Weihegeschenk aufgestellt gewesen (E. Unger 1916).

Die metrologische gemeinsame Basis für die megalithischen Völker Mittel- und Westeuropas ist ganz offensichtlich im Zweistromland geschaffen worden. Die vorstehend aufgezeigten metrologischen »Verzahnungen« weisen dies überzeugend aus.

Lange vor Thom und Müller hatte der englische Mediziner William Stukeley schon 1740 auf die Anwendung eines Einheitsmaßes bei der Errichtung von Stonehenge und anderen Steinsetzungen hingewiesen. Die Aussagen von Thom und Müller wurden nach ihrer Veröffentlichung in der wissenschaftlichen Welt von verschiedenen Seiten kritisch bis ablehnend behandelt. Modernste Verfahren der Statistiker unter Einbeziehung des Computers haben aber dann endgültig erwiesen, daß den großen megalithischen Steinsetzungen ein einheitliches Grundmaß zugeordnet werden muß. Schöpferische Willkür ist bei den Megalithikern nicht am Werke gewesen.

Im folgenden Kapitel soll daher ein Vergleich alter Maßsysteme mit der megalithischen Nippur-Elle vorgestellt werden.

Baumeister Hugues Libergier mit Maßstab, Reims (1263)

Berechnungen und Tabellen

13. Kapitel

Geschichtliche Längenmasse und ihre Beziehung zur Nippur-Elle der Sumerer

Die von A. Thom und R. Müller an megalithischen Bauwerken durchgeführten Vermessungen mit dem Ziel, eventuell ein Ur- oder Grundmaß der megalithischen Metrologen zu finden, mit dem diese Bauwerke erdacht, konstruiert und schließlich errichtet wurden, erbrachten ein Einheitsmaß in der Größenordnung von zirka 83 Zentimetern. Dieses Einheitsmaß nannten sie die megalithische Elle. Ich leite aus dem von mir entdeckten Stonehenge/Wormbach-System für die megalithische Elle einen Wert von 84 Zentimetern ab. Auf der Iberischen Halbinsel und folglich später auch in den lateinamerikanischen Ländern läßt sich dieses Maß von 83 beziehungsweise 86 cm als spanische Vara noch bis in die heutige Zeit wiederfinden.

Es ist zutreffend, daß bereits in den frühen Kulturen der Erde gemessen wurde, um zum Beispiel im Handel die Verteilung von Waren, die Aufteilung landwirtschaftlicher Nutzflächen und die Errichtung von Bauwerken überschaulich und somit reproduzierbar zu gestalten.

Das für West- und Mitteleuropa gefundene Orientierungs- und Ordnungsnetz mittels der West/Ost- und Nord/Süd-Sternenstraßen 1. Ordnung, des Stonehenge/Wormbach-Systems, forderte und erbrachte ebenfalls die Nutzung eines derartigen megalithischen Ur-Längenmaßes.

Der Evangelist Johannes beschreibt in der Offenbarung XXI/15–17 eine derartige Längenmessung in frühgeschichtlicher Zeit:

Sternenstraßen der Vorzeit

15. Und der mit mir redet hatte ein gülden Rhor
 das er die Stad messen solt und ire Thor und Mauren.
16. Und die Stad ligt vierecket
 und ire lenge ist so gros als die breite.
 Und er mas die Stad mit dem Rhor auff zwelff tausent Feldwegs.
 Die lenge und die breite und die höhe der Stad sind gleich.
17. Und er mas ire Mauren
 hundert und vier und vierzig Ellen
 nach der mas eines Menschen die der Engel hat.

(D. Martin Luther: Die gantze Heilige Schrift. Deudsch 1545, Auffs neu zugericht)

Der Evangelist gibt hier eine interessante Beschreibung von einer damals gebräuchlichen Meßtechnik. Er weißt auf ein »gülden Rhor« als einen offensichtlich vorhandenen Längenmaßstab hin, der dann auch bei Ausgrabungen am Ekur-Tempel in der sumerischen Stadt Nippur, dem religiösen Zentrum der Sumerer, in Form eines 41,5 kg schweren und 110,35 Zentimeter langen vierkantigen Bronzestabes, der Nippur-Elle, aus der Zeit um 2500 v. Chr. gefunden wurde. Die Nippur-Elle ist somit ein real vorhandenes megalithisches Längenmaß.

Die im sumerischen Reich verwendeten weiteren Unterteilungen der Elle sind Fuß, Hand und Zoll. Die Elle wurde in 4 Fuß, 16 Hand und 64 Zoll unterteilt.

Nippur, im sumerischen Reich gelegen, die erste städtische Hochkultur des Zweistromlandes, war der religiöse Mittelpunkt dieses Reiches. Älteste Siedlungen lassen sich bis auf das 5. Jahrtausend v. Chr. datieren. Im Mittelpunkt dieser Stadtstaaten entstanden große Tempelanlagen. Den Priestern und Beamten dieser Tempel oblag auch die Ordnung des Handels, d. h. die Organisation des gesamten wirtschaftlichen Lebens. Die Organisation des wirtschaftlichen und damit des alltäglichen Lebens erforderte u. a. allgemeingültige und verbindliche Maßsysteme. Hierzu gehörte dieser im Ekur-Tempel vor der Jahrhundertwende ausgegrabene Bronzestab, die Nippur-Elle.

Berechnungen und Tabellen

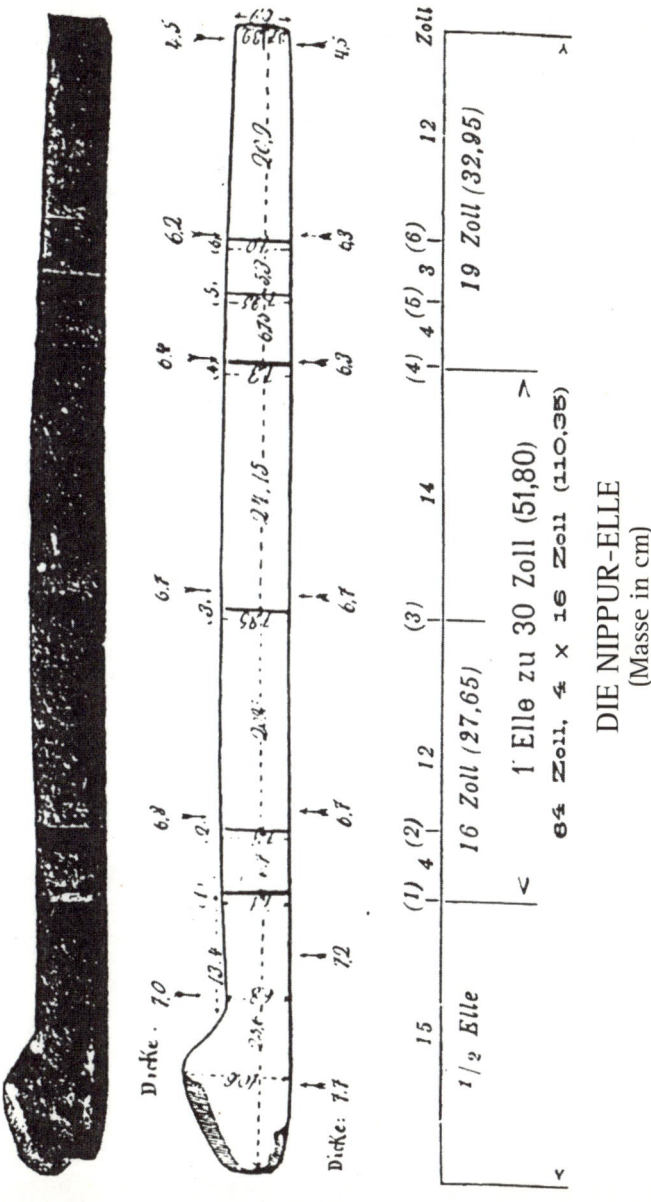

Die Nippur-Elle (E. Unger, 1916)

Aus der Bedeutung dieses Kultur- und Wirtschaftszentrums erwuchs zwangsläufig auch ein gewichtiger Machteinfluß auf die angrenzenden Völker.

Ein weiterer Sumer-Maßstab (Kopie?) stammt aus der Zeit um 2100 v. Chr. und führt auf den Herrscher von Lagasch, Gudea, zurück. Lagasch war um 2500 v. Chr. ebenfalls ein bedeutender Stadtstaat im Sumer-Reich. Es ist daher als sicher anzusehen, daß das im Ekur-Tempel von Nippur aufgestellte Ur-Längenmaß, die Nippur-Elle, das Vorbild oder das Bezugsmaß für die Gudea-Elle und weitere Längenmaßstäbe gewesen ist.

Gemäß der bestimmenden theokratischen Grundstruktur des Sumer-Reiches sind von dem Gottfürsten Gudea Statuen gefertigt worden, die diesen Maßstab zeigen. Zwei dieser Statuen befinden sich im Louvre in Paris. Auf einer hält Gudea auf seinem Schoß eine Tafel, auf der ein unterteilter Maßstab eingraviert ist.

Nippur-Elle = 110,35 cm	**Gudea-Elle = 108 cm**
ELLE NIPPUR = 4 FUSS FUSS = 27,5875 cm;	ELLE GUDEA = 4 FUSS FUSS = 27,0 cm;
ELLE NIPPUR = 16 HAND HAND = 6,896 cm;	ELLE GUDEA = 16 HAND Hand = 6,75 cm;
HAND = 4 ZOLL = 6,8968 cm;	HAND = 4 ZOLL = 6,75 cm;
ELLE NIPPUR = 64 Zoll ZOLL = 1,7242 cm;	ELLE GUDEA = 64 ZOLL Z0LL = 1,688 cm;

Berechnungen und Tabellen

*Sitzstatue: Gudea (2100 v. Chr.),
Tafel mit Maßstab auf dem Schoß (Louvre, Paris)*

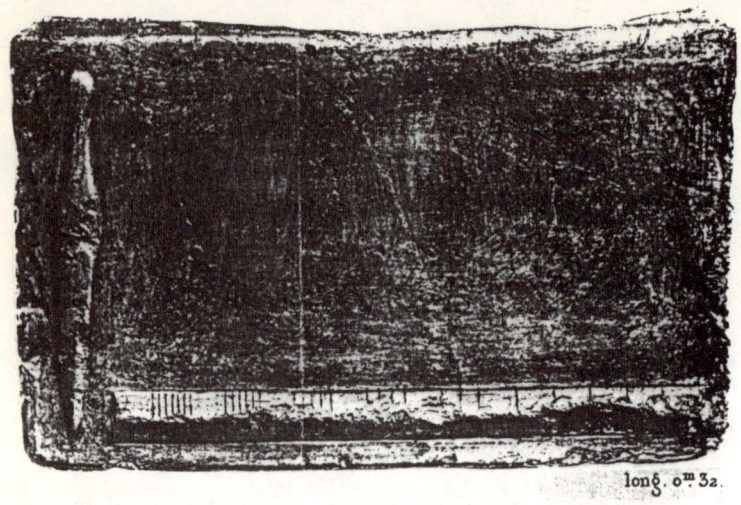

*Gudea (2100 v. Chr.), Tafel mit Maßstab und Schreibgriffel
(Louvre, Paris)*

Der Maßstab hat – zwischen den Unterteilungen gemessen – eine Länge von 26,56 beziehungsweise 26,45 cm. Die Gesamtlänge des Maßstabes beträgt 27 cm. Ich sehe in diesem der Statue zugeordneten Maßstab mit der Länge von nur 27 cm eine technische 1/4-(Verkleinerung)-Darstellung der sumerischen Grund-Elle mit zirka 108–110 cm.

Ein Maßstab mit einer Länge von nur 27 cm konnte niemals als ein praktischer Maßstab für die Errichtung der in jeder Weise großartigen Tempelbauten verwendet worden sein. Die sich bei Messungen hierdurch aufbauenden Fehler wären zu groß geworden.

Zusätzlich verbat es sich aus mangelnder Bruchfestigkeit, einen 1,10 m langen Dioritstab der Statue des Fürsten Gudea diesem instabilen Maßstab in voller Länge zuzuordnen, zumal die Statue auch nicht die natürliche Größe Gudeas wiedergibt.

Die an dem 27 cm Maßstab gemessenen Unterteilungen sind folglich mit dem Faktor »4« zu multiplizieren, damit sie in eine

Berechnungen und Tabellen

reale Größenbeziehung zu den in damaliger Zeit verwendeten Unterteilungen der Gudea-Elle gebracht werden können.

Die Maßsysteme der Sumerer wurden folgerichtig auch von den weniger entwickelten Völkern übernommen oder diesen aufgezwungen, um die Handelsbeziehungen zu organisieren, d.h. zu erleichtern.

Der Grundsatz ex oriente lux kann folglich ebenfalls für das Messen von Längen gelten. Oder besaßen die Megalithiker West- und Mitteleuropas eine westlich angesiedelte Ideenquelle?

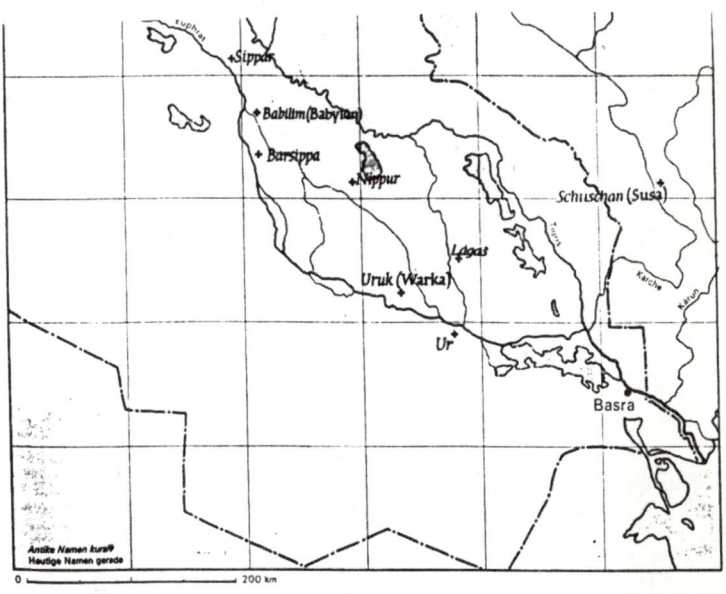

Die Stadtstaaten Nippur und Lagasch, geographische Zuordnung

Sternenstraßen der Vorzeit

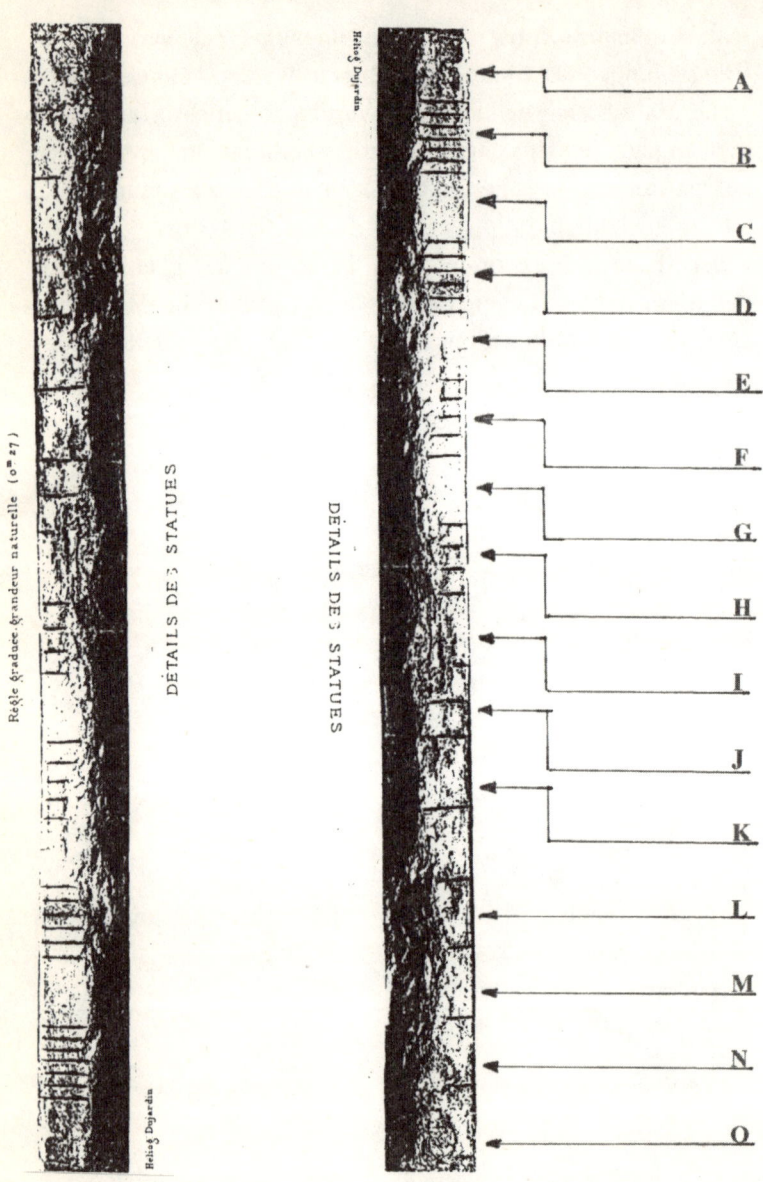

Links: Die Gudea-Elle (Ernest de Sarzec, 1884-1912, Louvre, Paris)
Rechts: Die Gudea-Elle: Kennzeichnung der Unterteilungen

Berechnungen und Tabellen

Gudea-Elle
(Vermessung der Unterteilungen in mm)

Unter-teilung	Länge (mm)	ohne Teilung n =	Länge (mm)	n Teilung n =	L/n = Z/n	Z/n x 4 = (mm)
A	16,0	– –				
B			17,3	7	2,47	9,88
C	16,5	– –				
D			16,8	6	2,8	11,2
E	16,3	– –				
F			18,0	5	3,6	14,4
G	16,3	– –				
H			16,5	4	4,125	16,50
I	16,8	– –				
J			16,8	3	5,6	22,4
K	16,8	– –				
L			32,5	2	16,25	65
M	16,5	– –		1 (?)		
N	16,3	– –		1 (?)		
O	16,8	– –		1 (?)		

Aus den Abständen der Unterteilungen ergibt sich als eine fast konstante Abstandsdifferenz zwischen den Hauptunterteilungen, zum Beispiel A nach B usw., aus 16 ermittelten Werten ein Abstand von i. M. 16,64 mm. Von der Gudea-Elle konnte ein Wert für das Gudea-Zoll = 108 cm : 64 = 1,688 cm abgleitet werden. Der Wert für das Nippur-Zoll beträgt 17,22 mm. Offensichtlich haben die Gudea-Metrologen diese Abstände als die Einheit für ein Zoll verwendet.

14. Kapitel

Nippur-Elle = Gudea-Elle
Ableitung der Beziehung

Das im Ekur-Tempel in Nippur von den Priestern des theokratischen Sumer-Staates bereits um 2500 v. Chr. aufbewahrte und dadurch offensichtlich für das organisierte Handelsleben der Sumerer maßgebliche Grund-Längenmaß, die Nippur-Elle, ist folgerichtig ein überliefertes megalithisches Längenmaß. Die aufgezeigte Beziehung zu dem Umfang der Erde, über die Pole gemessen, weist auf einen weit darüber hinaus gehenden zeitlichen Vorlauf zur Ableitung dieses Grundmaßes hin.

Die zugehörige Metrologie der Sumerer muß unter dem Aspekt einer einheitlichen Denkstruktur, die die damalige Astrologie, Astronomie, Mathematik und Geographie zu einer konstruktiven Ganzheit bündelte, gesehen werden.

Von dem Bronzestab, der in Nippur im Ekur-Tempel aufbewahrten Ur-Elle, wurden in feierlicher Zeremonie Kopien angefertigt und den einzelnen Stadtstaaten, d.h. den Herrschern in diesen Stadtstaaten von den Priestern übergeben. Aus anderen Quellen ist bekannt, daß diese Kopien zu ihrer leichteren Handhabung aus Holz gefertigt wurden.

Aus der Eigenschaft des Holzes, auf Feuchtigkeits- und Temperaturunterschiede im Verlauf der Zeit unterschiedlich zu reagieren, einschließlich der sich zwangsläufig einschleichenden Fehler aus dem Kopieren von einer Kopie usw., werden die Differenzen gegenüber der in Bronze gefertigten Nippur-Elle verständlich.

Die Gudea-Elle des Fürsten von Lagasch um 2100 v. Chr. steht durch ihr Grundmaß, 27 cm x 4 = 108 cm, unverkennbar in Bezug zur Nippur-Elle. Die Differenz zum Nippur-Zoll = 17,22

Berechnungen und Tabellen

mm minus Gudea-Zoll = 16,88 mm = 0,34 mm = 1,97 % wird aus dieser Darstellung nachvollziehbar.

Hieraus wird ersichtlich, daß die Gudea-Elle eine Kopie der Nippur-Elle darstellt. Der theokratische Sumer-Staat stellt eine für die damalige Zeit beachtliche metrologische Leistung heraus und weist auf die in diesem Staat auch in unserem heutigen Sinne waltenden äquivalenten Ordnungsprinzipien des gesellschaftlichen Lebens hin.

Im folgenden sollen überlieferte metrologische Maße auf ihre Beziehung zur Nippur-Elle vorgestellt werden. Die Länge der Nippur-Elle von 110,35 cm wird hierbei als Ur-Elle = 1 gesetzt. Andere Längenmaße werden als angenähert ganzzahlige Vielfache oder Teile dieser Nippur-Elle (n NE) ausgewiesen.

Die Zuordnung der verschiedensten Längenmaße zur Nippur-Elle ist aus nachstehender Tabelle signifikant zu erkennen. Fraglich ist, ob diese so signifikante Zuordnung aus direkten Kontakten der Sumerer mit diesen Völkern resultiert und somit bereits vorhandene großräumige Handelsbeziehungen und kulturelle Beziehungen sowie Ideenkontakte bestanden oder ob auch vergleichbare anatomischen Maße des Menschen bei der Ableitung der Unterteilungen hierfür mit bestimmend gewesen sind.

15. Kapitel

Längenmassvergleiche mit der Nippur-Elle

MESOPOTAMIEN	metrisch	n NE	n gerundet
Kanu altmesopotamisch	2,97 m	2,69	2,7
Gar altmesopotamisch	5,94 m	5,38	5,4
Subban altmesopotamisch	29,7 m	26,91	27
Aslu altmesopotamisch	59,4 m	53,83	54

BABYLON	metrisch	n NE	n gerundet
Fuß babylonisch (2050 v. Chr.) = 16 Zoll	26,45 cm	0,24	1/4
Iku babylonisch	352,85 qm = 18,784 m	17,02	17

Berechnungen und Tabellen

ISRAEL	metrisch	n NE	n gerundet
Elle, kleine Altes Testament	45 oder 49 cm	0,43	1/2
Elle, große Altes Testament	52 oder 55 cm	0,49	1/2
Etzba althebräisch	2,06 cm	1,87	2
Kibberath = 2.000 Ellen Neues Testament	0,9 bis 1,0 km	861,0	860
Tephach althebräisch	8,25 cm	0,075	3/4 : 10
Tophah althebräisch	8,25 cm	0,075	3/4 : 10

Sternenstraßen der Vorzeit

ÄGYPTEN	metrisch	n NE	n gerundet
Chet altägyptisch	ca. 52 m	47,12	47
Dira macmari	75 cm	0,68	2/3 0,66
Draa altägyptisch	75 cm	0,68	2/3 0,66
Kassabah altägyptisch	3,85 m	3,49	3,5
Färsakh	2,50 m	2,27	2 1/4
Kirat altägyptisch	2,8 cm	0,025	1/4 : 10
Quirat altägyptisch	175 qm = 13,23 m	11,99	12
Remen altägyptisch	26 qm	23,56	24
Saham altägyptisch	7,3 qm = 2,702 m	24,47	25
Elle ägyptisch	1,732 ft = 0,5283 m	0,479	1/2
Elle ägyptisch kürzere	1,718 ft = 0,524 m	0,479	1/2
Heilige Elle	2,085 ft = 0,636 m	0,576	1/2
Pyramidenzoll	1,001 inch = 2,53999 cm	0,023	1/4 : 10
Itur altägyptisch	6 km	5.437,25	5.500

Berechnungen und Tabellen

PERSIEN	metrisch	n NE	n gerundet
Nir altpersisch	5,4 cm	0,0489	1/2 : 10
Tscherek altpersisch	26 cm	0,236	1/4
Göß schah altpersisch	94,6 cm	0,857	1
Göß mölläsar altpersisch	63,1 cm	0,572	1/2
Zar = 4 Tscherek altpersisch	1,04 m	0,945	1
Parasange altpersisch	ca. 5 km	4.531,04	4.500
Statheme altpersisch	21 km	19.030,4	19.000

Sternenstraßen der Vorzeit

GRIECHENLAND	metrisch	n NE	n gerundet
Daktylos altgriechisch	1,93 cm	0,0175	1/6 : 10
Palaiste Handbreite, altgriechisch	7,7 cm	0,0698	4 x 1/6 : 10
Palmo altgriechisch	10 cm	0,0906	1/10
Fuß attischer	30,8 cm	0,279	1/4
Fuß (olympischer) altgriechisch	30,24 cm	0,274	1/4
Pechys altgriechisch	46 cm	0,4169	1/2
Orgyia altgriechisch	1,85 m	1,676	1,7
Plethron = 100 Fuß	30,83 m	27,94	28
Stadion ägäisch-attisch	160 m	145	5,2 x 28
Stadion altgriechisch	185 m	167,65	1,7 x 100
Stadion olympisch	190 bis 192 m	173,09	1,7 x 100
Stadion griechisch-römisch	178 m	161,30	1,7 x 100
Parasange altgriechisch	5,55 km	5.029,45	5.000

Berechnungen und Tabellen

RÖMER	metrisch	n NE	n gerundet
Palmus Handbreite altrömisch	7,4 cm	0,067	2/3 : 10
Pes altrömischer Fuß	29,6 cm	0,268	1/4
Palmipes	37 cm	0,335	1/3
Passus altrömisch	1,48 m	1,341	1 1/3
Decempedes altrömisch	2,96 m	2,682	2,7
Stadion römisch	185 m	167,64	170
Meile – Miglio altrömische Meile = 1.000 Doppelschritte = 8 Stadien	1.479 m	1.340,28	1.300
Iter pedestre	28,725 km	26.030,8	26.000

ITALIEN	metrisch	n NE	n gerundet
Palma altitalienisch	24,9 cm	0,2256	1/4
Elle italienisch	53 bis 68 cm	0,54	1/2
Canna altitalienisch	2,64 m	2,392	2,5

Sternenstraßen der Vorzeit

ÄTHIOPIEN	metrisch	n NE	n gerundet
Kend altäthiopisch	45 bis 50 cm	0,44	1/2
Kint altäthiopisch	45 bis 50 cm	0,44	1/2
Yason rumat altäthiopisch	1,5 bis 1,95 m	1,57	1 1/2
Khalad altäthiopisch	65 m	58,9	1/2 x 100

ARABER	metrisch	n NE	n gerundet
Durrah altostafrikanisch	45,7 cm	0,4141	1/2
Cubido altarabisch	ca. 48 cm	0,44	1/2
Draa	ca. 49 cm	0,44	1/2
Kama altmarokkanisch	1,25 m	1,133	1

Berechnungen und Tabellen

SPANIEN	metrisch	n NE	n gerundet
Palmo, menor altspanisch	6,97 cm	0,063	2/3 : 10
Palmo, mayor altspanisch	20,9 cm	0,189	3 x 2/3 : 10
Palmo, mayor 33 Palmos = 12 Pulgados = 16 Dedos = 144 Lineas= 1.728 Puntos = 0,33 Varas			
Piè oder Tercia	27,8635 cm	0,2525	1/4
Vara = 3 Tercias	83,59 cm	0,7575	3/4
Vara	83,6 bis 86 cm	0,77	3/4
Passo (Schritt) altspanisch	1,39 m	1,26	5 x 1/4
Dedo altspanisch	1,74 cm	1,58	6 x 1/4
Estadale altspanisch = 4 Varas = 12 Pies	3,344 m	3,03	3
Destre altbalearisch	4,21 m	3,815	4
Manzana	7,5 qm		
= 10 Varas cuadradas	$\sqrt{}$ = 2,739 m	2,48	2,5
1 Vara cuadradas = 0,75 qm	$\sqrt{}$ = 0,866 m	0,785	3

Sternenstraßen der Vorzeit

PORTUGAL / LATEINAMERIKA	metrisch	n NE	n gerundet
Piè =	28,86667 cm	0,262	1/4
Vara = 3 Piès	86,60 cm	0,785	3/4
Palmo altportugiesisch	22 cm	0,199	1/5

BOLIVIEN / PERU	metrisch	n NE	n gerundet
Piè =	28,2483 cm	0,256	1/4
Vara = 3 Piès	84,75 cm	0,767	3/4
Pè Portugal	33 cm	0,299	1/4
Pè Brasilien	34,4 cm	0,312	1/4
Covado (avantejado) altbrasilianisch	ca. 69 cm	0,625	1/2
Yara bolivianisch	0,847 m	0,768	3/4
Jarda Brasilien	91 cm	0,825	4/5

PARAGUAY	metrisch	n NE	n gerundet
Piè =	27,952 cm	0,253	1/4
Vara = 3 Piès	83,86 cm	0,759	3/4
Estadio altportugiesisch	285,2 m	258,45	2 1/2 x 100
Legua lateinamerikanisch	ca. 5 bis 6 km	4.984,14	2 1/2 x 2.000

Berechnungen und Tabellen

TÜRKEI	metrisch	n NE	n gerundet
Endesch alttürkisch	65,2 cm	0,59	2/3
Diraa alttürkisch	67,6 bzw. 68,6 cm	0,62	2/3
Zirai mimari alttürkisch	75,77 cm	0,687	2/3
Kulac	1,89 m	1,713	1,7
Evlek alttürkisch	230 qm √ = 15,165 m	13,74	14
Dönum alttürkisch	920 qm √ = 30,33 m	27,49	28
Myli ackary alttürkisch	1 km	906,2	900

FRANKREICH	metrisch	n NE	n gerundet
Coudèe altfranzösisch	51,97 cm	0,471	1/2
Elle Aune	119 cm	1,078	1
Latte altfranzösisch	2,5 m	2,266	2 1/4
Perche, Rute französisch	5,847 m	5,299	5 1/4

Sternenstraßen der Vorzeit

RUSSLAND	metrisch	n NE	n gerundet
Sotka, altrussisch	2,133 cm	0,01931	1/5 : 10
Djujm, altrussisch	2,54 cm	0,023	1/4 : 10
Werschok, altrussisch	4,445 cm	0,040	2/5 : 10
Fut, altrussisch	30,5 cm	0,276	1/4
Elle, russisch	71 cm	0,643	2/3
Werst, altrussisch	1,067 km	966,9	970

NIEDERLANDE / BELGIEN	metrisch	n NE	n gerundet
Duim altniederländisch	26 cm	0,0236	1/4 : 10
Voet	ca. 28 cm	0,254	1/4
Elle brabanter (Tuche)	69,23 cm	0,627	2/3
Elle Brache Belgien	60 cm	0,54	1/2
Elle Niederlande	69 cm	0,62	2/3
Perche (Rute) Belgien	5,7 m	5,17	5
Mijl altniederländisch	7,4 km	6.705,9	6.700
Inch	in 2,53999 cm	0,0230	1/4 : 10

Berechnungen und Tabellen

ENGLAND	metrisch	n NE	n gerundet
Chain 1 Chain = 22 Yards = 4 Poles	20,116 m	18,229	18
Fuß bzw. Schuh Mittelwert aus 52 europäischen Maßangaben. Abgeleitet von der Länge des menschlichen Fußes = 12 Zoll = 25 - 39 cm.	1.535,2652 = 29,52 cm	0,268	1/4
Foot, englisches System = 1/3 Yard = 12 inches	30,48 cm	0,276	1/4
Foot	ft 30,48 cm	0,276	1/4
Foot	ft 30,46 cm	0,276	1/4
Foot = 12 inches	30,47945 cm	0,276	1/4
Druidenelle (Hawkins, G.S.)	20,8 Zoll = 52,83 cm	0,479	1/2
Elle-Yard, Nordamerika	91,4 cm	0,823	4/5
Yard	yd 91,4399 cm	0,8286	4/5
Squareyard	sqyd 0,8361 qm √ = 0,9143 cm	0,829	4/5
Heilige Rute	3,476 ft = 1,06 m	0,961	1
Elle in 7 Teile unterteilt 1 Teil = Handbreite			
Elle (England)	111,4 cm	1,0095	1
Lug, britisch	5,03 m	4,558	4,5
Perch (Stange, Rute) = 5,5 yards	5,03 m	4,558	4,5

Sternenstraßen der Vorzeit

Pole = 5,5 yards	5,03 m	4,558	4,5
Nail, britisch	5,7 cm	0,052	1/2 : 10
Meile, englisch, mil.	1.610,4 m	1.459,36	1.500
Seemeile, mil., naut.	1.853 m	1.679,2	1.680

NORDISCHE LÄNDER	metrisch	n NE	n gerundet
Fod (Fuß) altdänisch-norwegisch	31,4 cm	0,285	1/4
Elle Schweden	59,4 cm	0,538	1/2
Elle Dänemark	62,7 cm	0,568	1/2
Elle	62,7 cm	0,568	1/2
Favn Schweden	1,72 m	1,559	3/2
Favn Island	1,72 m	1,559	3/2
Favn altschwedisch-finnisch	1,78 m	1,613	3/2
Favn Dänemark	1,883 m	1,706	3/2
Favn Norwegen	1,883 m	1,706	3/2
Stang altschwedisch	2,97 m	2,691	2 1/2

Berechnungen und Tabellen

DEUTSCHSPRACHIGE LÄNDER	metrisch	n NE	n gerundet
Faust, altösterreichisch	10,5 cm	0,095	1/10
Feldrute alte Landvermessung	29 bis 50 cm	0,263 0,453	1/4 1/2
Bratze, alttiroler Maß	ca. 55 cm	0,498	1/2
Elle, Sachsen	56,6 cm	0,513	1/2
Elle, Danzig	57,4 cm	0,52	1/2
Elle, Lübeck	57,5 cm	0,52	1/2
Elle	58,4 cm	0,529	1/2
Elle, Bayern	58,4 cm	0,529	1/2
Elle, Prag	59,4 cm	0,538	1/2
Elle, Schweiz	60 cm	0,544	1/2
Elle, Baden	60 cm	0,544	1/2
Elle, Württemberg	61,4 cm	0,556	1/2
Elle, Nürnberg	66,1 cm	0,599	2/3
Elle, Berlin	66,8 cm	0,605	2/3
Elle, Hamburg	68,8 cm	0,605	2/3
Elle, Wien	77,8 cm	0,705	3/4
Perche, Rute, Schweiz	3,0 m	2,718	2 3/4
Rute, rheinländisch	3,766 m	3,413	3 1/2
Strick, altösterreichisch	6,6 mm	0,006	2/3 : 100
Bergstabel alter Salzbergbau	570,0 m	516,5	1/2 x 1.000

Sternenstraßen der Vorzeit

POLEN / BALKANLÄNDER	metrisch	n NE	n gerundet
Stopa altpolnisch	28,8 cm	0,27	1/4
Denum altbulgarisches Flächenmaß	7,53 qm √ = 2,74 m	2,483	2 1/2
Mila altrumänisch	7,85 km	7.113,7	7.100
Meile polnisch = 8 Werst	8,53 km	7.729,95	7.700

CHINA	metrisch	n NE	n gerundet
Fan, Tschang altchinesisch	2,46 mm	0,0022	1/5 : 1.000
Tscheh (Fuß) altchinesisch	37,1 cm	0,336	1/3
Yin altchinesisch	24,566 m	22,261	1/5 : 100
Khubi altmongolisch	57,6 m	52,197	1/2 x 100

Berechnungen und Tabellen

JAPAN	metrisch	n NE	n gerundet
Kane sasi altjapanisch	30,3 cm	0,2745	1/4
Shaku (Fuß) altjapanisch	30,3 cm	0,2745	1/4
Tsune sasi altjapanisch	37,9 cm	0,3434	1/3
Wune sasi altjapanisch	37,9 cm	0,3434	1/3
KEN altjapanisch	1,818 m	1,647	5/3
Ikken altjapanisch	1,818 m	1,647	5/3
Yo altjapanisch	3,03 m	2,746	2 3/4
Zjoo altjapanisch	3,03 m	2,746	2 3/4
Tsjoo altjapanisch	109,1 m	98,867	100

INDIEN	metrisch	n NE	n gerundet
Hath altindisch	45 bis 55 cm	0,45	1/2
Choss altindisch	1,83 km	1.658,4	1.650

Sternenstraßen der Vorzeit

SÜD- / OSTASIEN	metrisch	n NE	n gerundet
Paal altindonesisch	1,5 km	1.359,3	1.350
Coursame altvietnamesisch	4,16 km	3.769,8	3.800
Yot altthailändisch	16,26 km	14.734,9	14.700

Berechnungen und Tabellen

16. Kapitel

Ablagen von Kultstätten, Kultbergen, Orten und Städten in km von den West/Ost-Sternenstrassen 1. Ordnung

Abstand 1 Grad geographische Breite = 110,94 km
1 km = 0,009 Grad = 0,54 Bogenminuten = 32,4 Bogensekunden

Die an West/Ost-Sternen- oder Kultstraßen 1. Ordnung gelegenen megalithischen Kultstätten, Kultorte und die sich auf diese gründenden heutigen Orte und Städte wurden auf ihre Nord/Süd-Abweichungen/Ablagen gegenüber den West/Ost-Sternen- oder Kultstraßen 1. Ordnung zugeordneten Breitengraden hin untersucht. Hierdurch sollte einerseits die Zuordnung dieser Kultstätten zu den West/Ost-Sternenstraßen 1. Ordnung bewiesen und andererseits Orte mit größeren Ablagen ausgegrenzt werden.

In »Die Götter des Landes Vestfalen« (1988) habe ich darauf hingewiesen, daß die Kultlinie als Ordnungslinie nur die Hauptorientierung vorgibt (s. GLV, S. 177). Der endgültige Standort für das Entstehen der Kultstätte oder der Ansiedlung wurde weitgehend von der Kult- oder der Siedlungsqualität des Bereiches, zum Beispiel der Orographie, d.h. der Oberflächenstruktur des Geländes abschließend bestimmt. In beiden Qualitätsbereichen wird die Lebens- beziehungsweise sogar die Überlebenssicherheit bei der Auswahl mitberücksichtigt. Nahrung, Wasser, Zugänglichkeit und die damit verkoppelte Sicherheit gegenüber Überfällen usw. bestimmten dann die Auswahl des Standortes, des Kultortes und somit der hier entstehenden Ansiedlung.

Die Strenge der Zuordnung/Orientierung an die von den Priestern vorgegebene Kultlinie wurde also von diesen vorgenannten Kriterien entscheidend beeinflußt. Diese kamen um so mehr zum Tragen, wenn die Orographie durch ihre Eigenschaft besonders in vorgenanntem Sinn bestimmend wurde. Solche wesentlichen topographischen Faktoren waren zum Beispiel die Höhenzüge der Mittelgebirge bis hin zu der nur bedingt überquerbaren Gebirgswelt der Alpen, der Pyrenäen, großer Seen-, Sumpf- oder Flußlandschaften. Diese hier aufgezeigten Eingrenzungen des erstrangig vorgegebenen Ordnungsprinzips anhand der Kultgesetze im frühgeschichtlichen Europa ergeben sich überzeugend aus den nur sehr geringen Abweichungen/Ablagen von den West/Ost-Sternen- oder Kultstraßen 1. Ordnung.

Die Größenordnung der Ablagen ist in der Ebene praktisch zu vernachlässigen. In Bereichen der Pyrenäen, der Alpen oder dem schwer passierbaren französischen Mittelgebirge erreichen die Ablagen die größten Werte. Betrachtet man aber die Größe der Ablagen/Abweichungen unter Berücksichtigung der damals möglichen Meßgenauigkeiten, der überbrückten Entfernungen und der »Verkehrsgegebenheiten« in der West/Ost- und Nord/Süd-Ausdehnung der Kult- oder Sternenstraßen von maximal bis zu 1.500 Kilometern, dann weisen die aufgeführten minimalen Ablagen/Abweichungen in bezug auf die damaligen Meßmöglichkeiten und die großen Distanzen eine beachtenswerte Genauigkeit, d.h. die metrologische Qualität des megalithischen Stonehenge/Wormbach-Systems aus.

Berechnungen und Tabellen

17. KAPITEL

ABLAGEN BEDEUTENDER KULTORTE GEGENÜBER DER WEST/OST-STERNENSTRASSE 1. ORDNUNG, GEOGRAPHISCHE BREITE 42,88 GRAD NORD IN KM

Plusablage = nach Norden, Minusablage = nach Süden

Ortsname	Geographische Breite	Geographische Länge	Ablage in km
ESTELLE, PIC 377 m	42,51° N	2,85° O	- 34,4
BELESTA	42,72° N	2,61° O	- 16,6
ESTELLE Puig de L'Estelle	42,51° N	2,55° O	- 34,4
ST. MICHEL DE CUXA	42,61° N	2,43° O	- 28,1
BUGARACH, PIC	42,87° N	2,39° O	- 1,1
ESTELLES, TRES Puig de, 2099 m	42,51° N	2,32° O	- 40,4
RENNES-LE-CHATEAU	42,93° N	2,26 O	+ 5,5
BELVIANES	42,87° N	2,20° O	- 1,1
LES ANGLES	42,58° N	2,07° O	- 33,6
BELCAIRE	42,92° N	1,95° O	+ 4,4
BELESTA - Lavelanet	42,92° N	1,94° O	+ 4,4

Sternenstraßen der Vorzeit

ESTERRI d'Aneu	42,71° N	1,13° O	− 17,6
ST. LIZIER	43,00° N	1,12° O	+ 13,3
BETHMALE Valle de	42,89° N	1,07° O	+ 1,1
BETHMALE	42,89° N	1,06° O	+ 1,1
BELLONGUE LE	42,95° N	0,92° O	+ 7,1
BETREN	42,71° N	0,79° O	− 17,6
BORDAS, LAS	42,74° N	0,70° O	− 15,4
BEAT, ST.	42,91° N	0,66° O	+ 3,3
LUCHON, B. de	42,79° N	0,59° O	− 9,9
LES ANGELES	43,08° N	0,01° O	+ 22,2
LUZ ST. SAUVEUR, ESTERRE	42,87° N	0,01° W	− 1,1
LUGAGNON	43,06° N	0,04° W	+ 19,8
LOURDES Grotte	43,10° N	0,07° W	+ 24,4
BETHARRAM Grotten b. Lourdes	43,09° N	0,18° W	+ 23,2
STELLE, LE BETHARRAM	43,13° N	0,21° W	+ 27,5
LUCIA, ST.	42,73° N	0,78° W	− 16,5
ESTERIBAR	42,92° N	1,19° W	+ 4,4
BETELU Oroz	42,90° N	1,30° W	+ 2,2
STA LUCIA nrdl. Pamplona, 978 m	42,93° N	1,58° W	+ 5,5

Berechnungen und Tabellen

PAMPLONA	42,83° N	1,65° W	− 5,5
PUENTE LA REINA Ermit de Sta. Lucia	42,67° N	1,83° W	− 23,2

Ausschnitt aus »Caminos de Santiago« um Pamplona

Ortsname	Geographische Breite	Geographische Länge	Ablage in km
BETE, Lu	43,03° N	1,95° W	+ 16,5
BEASTEGUI	43,13° N	1,96° W	+ 27,5
ESTELLA	42,67° N	2,03° W	− 23,2
LIZARRAGA	42,88° N	2,03° W	± 0,0

Sternenstraßen der Vorzeit

LUQUINO	42,93° N	2,86° W	+ 5,5
BELORADO	42,42° N	3,19° W	- 50,6
ASTRANA	43,20° N	3,55° W	+ 35,2
CISTIERNA	42,81° N	5,16° W	- 7,7
BELNO	43,19° N	5,19° W	+ 23,2
LUGUEROS	42,97° N	5,41° W	+ 9,9
LA VIRGEN DE CAMINO	42,80° N	5,64° W	- 8,8
PORTILLA DE LUNA	42,50° N	5,81° W	- 41,8
LUNA de, Los Barrios	42,6° N	5,85° W	- 30,8
ASTORGA	42,46° N	6,06° W	- 46,4
AL ASTRA	43,03° N	7,18° W	+ 16,0
TRIACASTELA	42,78° N	7,23° W	- 11,1
LUGO	43,09° N	7,56° W	+ 23,2
BETANZOS Hafen	43,27° N	8,19° W	+ 42,9
PICO SACRO 534 m	42,81° N	8,45° W	- 1,1
SANTIAGO DE COMPOSTELLA	42,88° N	8,53° W	± 0,0
NOYA Hafen	42,78° N	8,89° W	- 11,1

Berechnungen und Tabellen

CABO FINISTERRE 42,88° N 9,29° W ± 0,0
Westbeginn West/Ost-
Sternenstraße 1. Ordnung
42,88° N

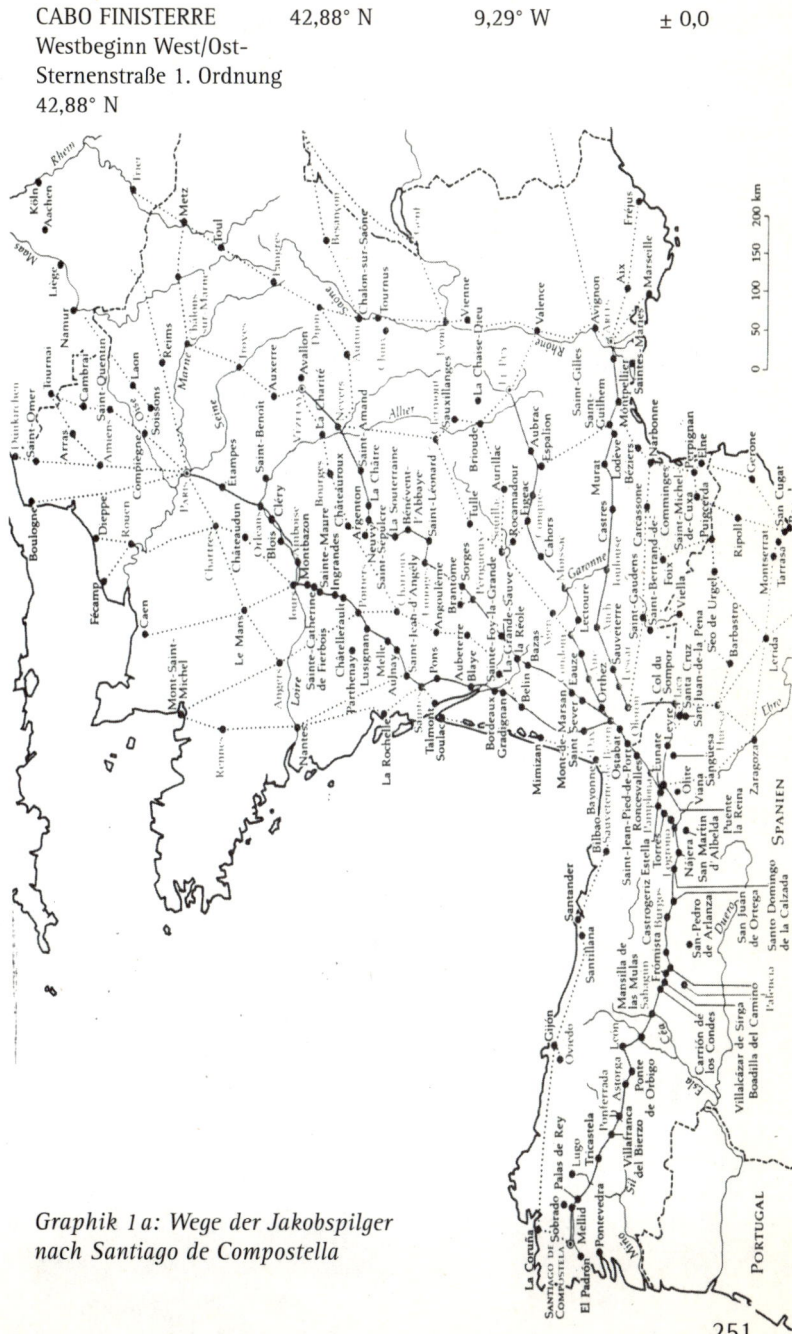

Graphik 1a: Wege der Jakobspilger nach Santiago de Compostella

STERNENSTRASSE 1 ORDNUNG 42.8 GRAD
Golf von Biskaya
La Coruña
Santiago
Pontevedra
Vigo
Lugo
Oviedo
Gijón
Santander
Bilbao
León
Burgos
Palencia
Benavente
Ponferrada
Orense
10 KULTORTE
8
6
4
2
RELIEF

La Coruña
Gijón
Santander
Bilbao
San Sebastian
Vigo
SC
LUG
VID
VIR
PmL
PLR
LRD
TAR
BET

N- S-Ablagen 42,88 Grad N
N- S-Ablagen
Grad N
43,3
43,2
43,1
43
42,9
42,8
42,7
42,6
42,5
42,4
Finist 9,29
Compost 8,53
8,19
7,23
6,06
5,81
5,41
5,16
3,19
1,96
Reina 1,83
1,58
1,19

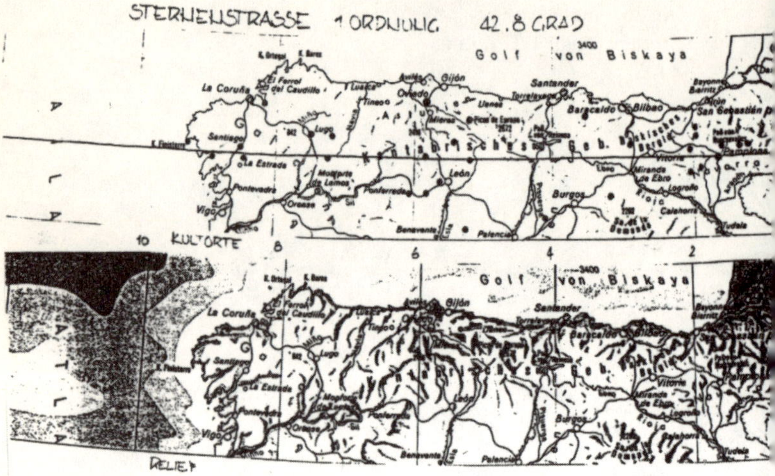

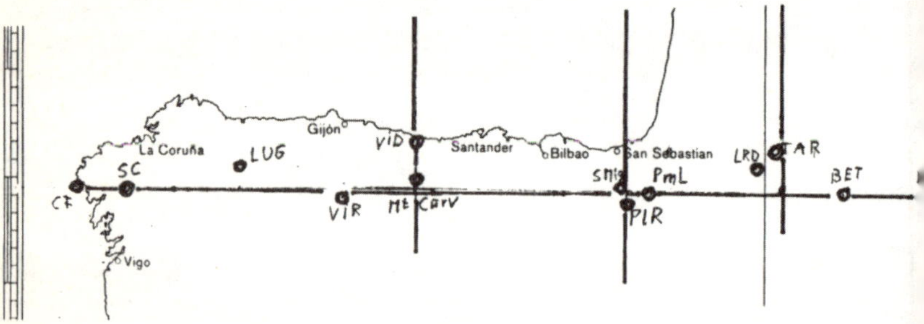

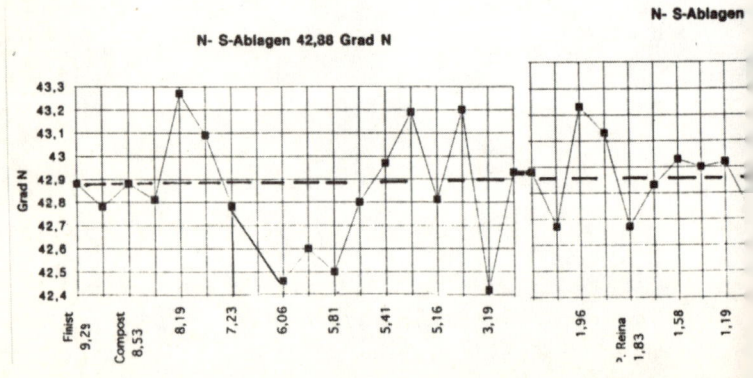

Berechnungen und Tabellen

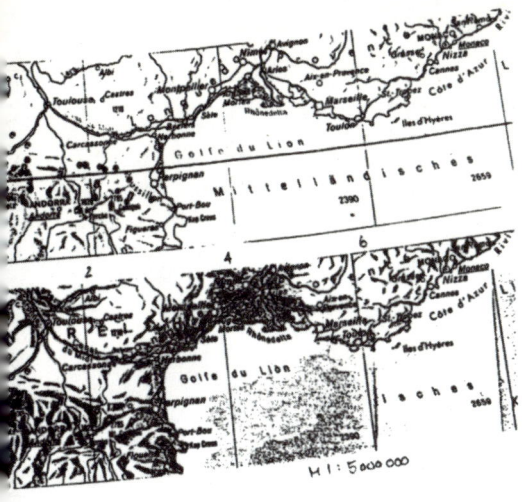

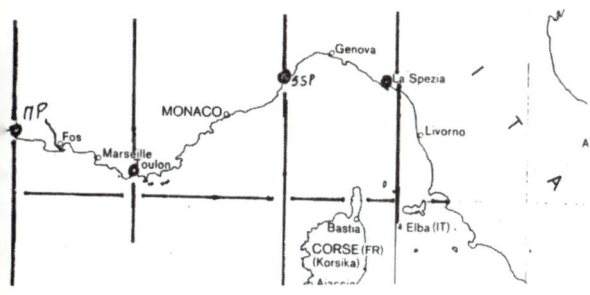

N- S-Ablagen 42,88 Grad N

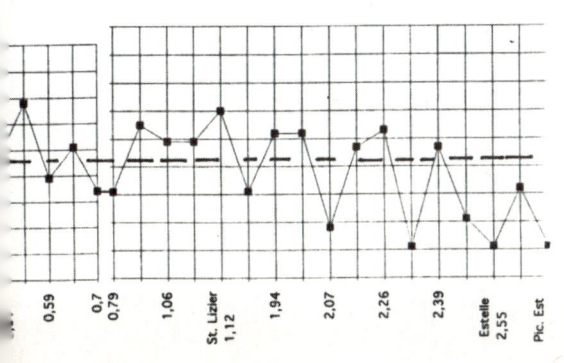

Graphik 1b:
Ablagen von West/
Ost-Sternenstraße
1. Ordnung
42,88 Grad Nord

18. Kapitel

Ablagen bedeutender Kultorte gegenüber der West/Ost-Sternenstrasse 1. Ordnung, geographische Breite 45,60 Grad Nord in km

Plusablage = nach Norden, Minusablage = nach Süden

Ortsname	Geographische Breite	Geographische Länge	Ablage in km
ST GEORGES DE DIDONNE	45,60° N	1,00° W	± 0,0
POINTE DE GRAVE Gironde-Mündung Westbeginn West/Ost-Sternenstraße 1. Ordnung 45,60° N	45,60° N	0,94° W	± 0,0
SAINTES	45,75° N	0,64° W	+ 16,5
SALLES d'ANGLES	45,62° N	0,33° W	+ 2,2
GALLO-ROMAIN THEATRE	45,78° N	0,00° W	+ 20,0
ANGOULEME	45,65° N	0,16° O	+ 5,5
ST. MICHEL d'Entraygues	45,64° N	0,08° O	+ 4,4
LE TEMPLE südl. Jauldes	45,77° N	0,25° O	+ 18,8
LA BELLE ETOILE nordöstl. Mazerolles	45,75° N	0,55° O	+ 16,5

Berechnungen und Tabellen

EYMOUTIERS	45,75° N	1,74° O	+ 16,5
ST. ANGEL	45,50° N	2,24° O	- 11,1
MERLINES	45,65° N	2,48° O	+ 5,6
TREMOUILLE ST. LOUP	45,52° N	2,49° O	- 8,8
ORCIVAL	45,65° N	2,81° O	+ 5,5
CLERMONT-FERRAND	45,80° N	3,08° O	+ 22,2
MATRES DE VEYRE	45,70° N	3,19° O	+ 11,1
ST. GEORGES	45,72° N	3,25° O	+ 13,3
ROGER DE BORBES südl. Thiers	45,83° N	3,57° O	+ 25,5
ST. GEORGES EN COUZAN	45,70° N	3,93° O	+ 11,1
LE PUY (Haute Loire) St-Michel-d'Aiguilhe	45,06° N	3,94° O	- 60,2
ST. ROMAIN-LE PUY	45,58° N	4,12° O	- 2,2
ST. ETIENNE	45,45° N	4,43° O	- 16,7

Sternenstraßen der Vorzeit

West-Tor zur West/Ost-Alpenüberquerung durch Pilger

ST. MICHEL s. Rhône	45,45° N	4,75° O	− 16,7
LYON	45,74° N	4,83° O	+ 17,7
ST. GEORGES d'Esperanche	45,73° N	5,08° O	+ 14,4
ST. GEOIRE en Valdaine	45,45° N	5,64° O	− 16,7
CHAMBERY	45,58° N	5,97° O	− 2,2
Challes-les-Eaux MT.-ST-MICHEL, 895 m	45,55° N	6,00° O	− 5,6
ST. JACQUES, MT.	45,52° N	6,70° O	− 8,8
BRAMANS Savoien, HM	45,22° N	6,77° O	− 41,8
Col ST. BERNARD	45,75° N	6,89° O	+ 16,7
MT. CENIS, Col de	45,28° N	6,93° O	− 35,2
SUSA	45,14° N	7,04° O	− 51,6
AOSTA	45,81° N	7,32° O	+ 23,3
Santuario d. S. MICHELE	45,10° N	7,34° O	− 55,1
TORINO	45,08° N	7,69° O	− 57,7
IVREA	45,47° N	7,88° O	− 14,5
MT. MARS, 2600 m	45,60° N	7,92° O	± 0,0
SANTUARIO D'OROPA	45,63° N	7,98° O	+ 3,3
BIELLA	45,57° N	8,06° O	− 3,3

Berechnungen und Tabellen

Ost-Tor zur Ost/West-Alpenüberquerung durch Pilger

VARALLO SESIA	45,75° N	8,25° O	+ 16,7
Sacro Monte	45,83° N	8,26° O	+ 25,5
MAILAND	45,47° N	9,19° O	− 14,4
BERGAMO	45,70° N	9,68° O	+ 11,1
BRESCIA	45,54° N	10,23° O	− 6,7
VERONA	45,44° N	11,00° O	− 17,8
PADUA	45,41° N	11,87° O	− 21,1
VENEDIG	45,43° N	12,33° O	− 18,9

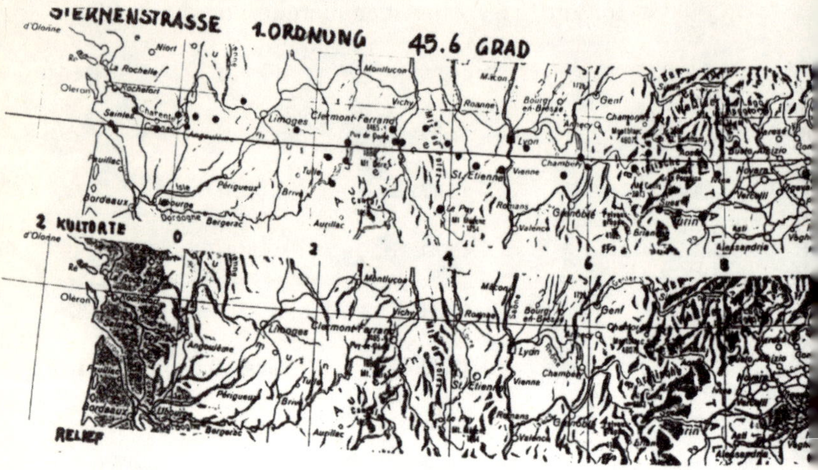

STERNENSTRASSE 1.ORDNUNG 45.6 GRAD
2 KULTORTE
RELIEF
La Rochelle
Oléron
Limoges
Clermont-Ferrand
Montluçon
Vichy
Roanne
Lyon
Genf
Chambéry
Vienne
St. Etienne
Le Puy
Valence
Périgueux
Bordeaux
Bergerac
Aurillac
Angoulême
0
2
4
6
8

GOLF
VON
BISKAYA
FRANKREICH
Nantes
La Rochelle
Bordeaux
POI
PdS
ANGO
STAN
ORC
CLF
St.E
SET
LYO
LP
CLE
BES

N- S-Ablagen von 45,60 Grad
Grad N
46
45,9
45,8
45,7
45,6
45,5
45,4
45,3
45,2
45,1
45
West 1.00
0,33
Angoul 0,16
1,74
2,49
3,19
3,93
St.Etienne 4,43
Lyon 4,83
Chamber
Geogr. Länge West - Ost

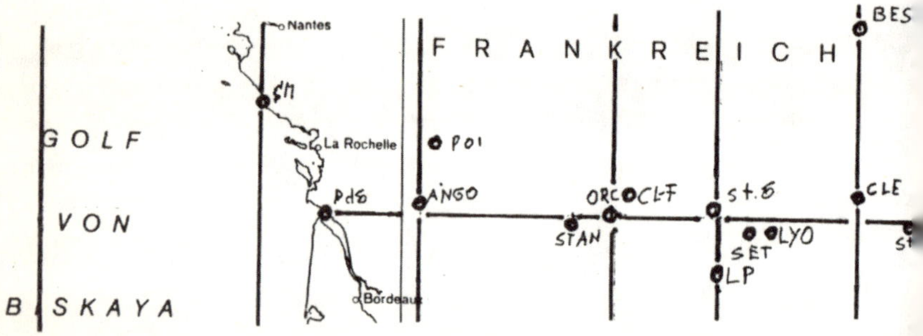

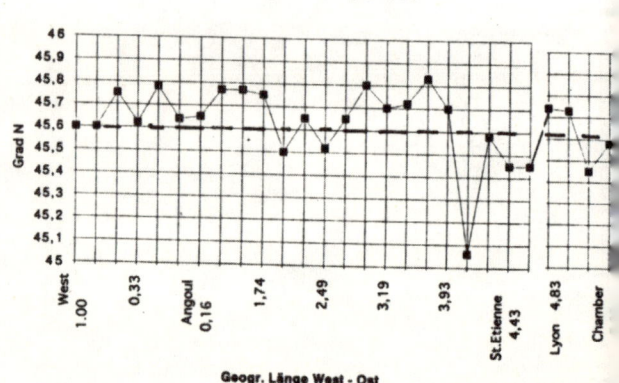

Berechnungen und Tabellen

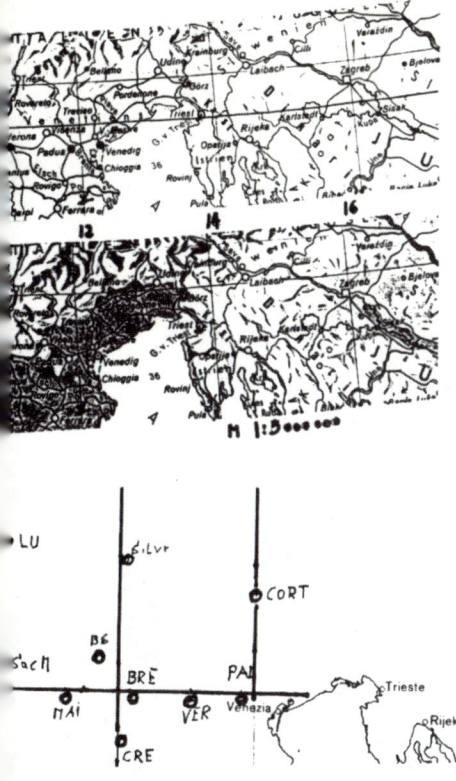

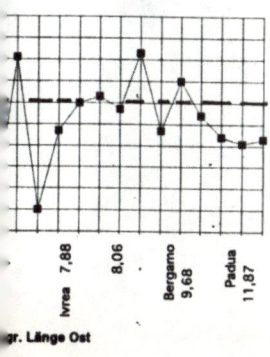

*Graphik 2: Ablagen vonWest/
Ost-Sternenstraße 1. Ordnung
45,60 Grad Nord*

Sternenstraßen der Vorzeit

Blick über Bergamo nach Südost in die Po-Ebene

Berechnungen und Tabellen

19. Kapitel

Ablagen bedeutender Kultorte gegenüber der West/Ost-Sternenstrasse 1. Ordnung, geographische Breite 48,41 Grad Nord in km

Plusablage = nach Norden, Minusablage = nach Süden

Ortsname	Geographische Breite	Geographische Länge	Ablage in km
PHARE DE TREZIEN Küste, Westbeginn West/Ost-Sternenstraße 1. Ordnung 48,41° N	48,41° N	4,80° W	± 0,0
POINTE DE MATHIEU Küste, 2 Menhire 2,5 m	48,33° N	4,78° W	− 8,8
ST. GONVEL Menhir	48,53° N	4,78° W	+ 12,8
LARRET Menhir 8 m	48,52° N	4,77° W	+ 6,7
MELON 2 Menhire	48,49° N	4,77° W	+ 8,3
KERGADIOU Menhir 8,5 m	48,48° N	4,72° W	+ 7,2
ILE CARNE Tumulus	48,57° N	4,70° W	+ 17,2
ST. RENAN westl. Menhir v. Kerloaz, 9 m	48,42° N	4,68° W	+ 1,1
LAGATJAN ALIGNEMENTS de Atlantik-Küste	48,28° N	4,62° W	− 14,0

Sternenstraßen der Vorzeit

LANNILIS, ABER WRACH Hexe-Mdg, Menhir	48,56° N	4,55° W	+ 15,1
BREST, HAFEN Dpt. Finistère	48,38° N	4,50° W	- 3,3
KERANGUEVEN Menhir	48,50° N	4,35° W	+ 9,4
ABER BENOIT Menhir	48,33° N	4,35° W	- 8,4
HUELGOAT westl. Menhir 6 m	48,37° N	3,78° W	- 4,4

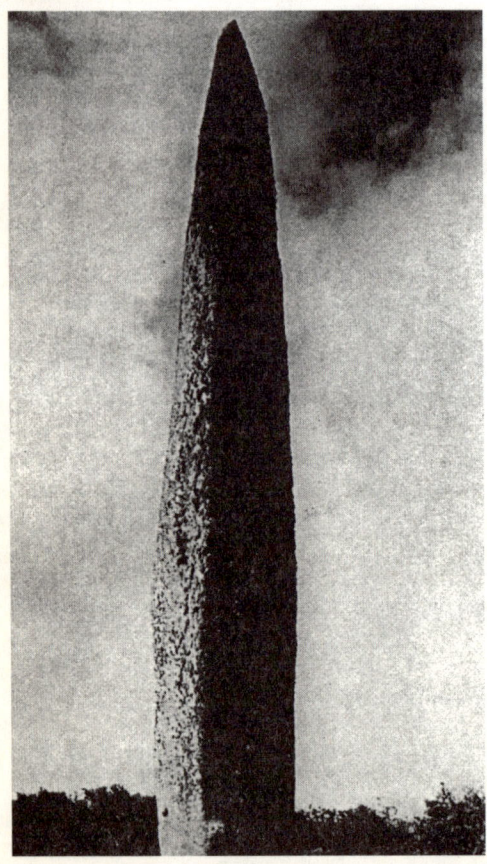

*Menhir von Kerloaz,
48,42° N,
Höhe ca. 9 m,
Departement
Finistère, Bretagne
Westlicher Beginn der
West/Ost-Sternen-
straße 1. Ordnung
48,41° Nord*

Berechnungen und Tabellen

Ortsname	Geographische Breite	Geographische Länge	Ablage in km
QUILIOU 2 Menhire, 6 m	48,47° N	3,72° W	+ 6,6
LANDELAU Tumulus	48,23° N	3,72° W	− 19,8
ST. SERVAIS 2 Menhire	48,38° N	3,38° W	− 3,3
ST. NICODEME Menhir	48,33° N	3,37° W	− 8,8
BOURBRIAC südöstl. Tumulus	48,47° N	3,15° W	+ 6,6
QUINTIN Menhir 6,4 m	48,40° N	2,92° W	− 1,1
ST. BRIEUC	48,50° N	2,77° W	+ 9,9
MEDREAC Steine, Menhir	48,28° N	2,22° W	− 14,3
ST. SULIAC Menhir 6 m	48,57° N	1,97° W	+ 17,6
LANHELIN Le Rocher Abraham	48,47° N	1,83° W	+ 6,6
TINTENIAC	48,33° N	1,84° W	− 8,8
CHAMP-DOLENT Menhir de, 9,5 m	48,53° N	1,78° W	+13,2
ST. MICHEL, LE MONT	48,63° N	1,52° W	+ 24,2
FOUGERES Cordon Druides	48,40° N	1,15° W	− 1,1
ST. GEORGES DE ROUELLEY	48,60° N	0,77° W	+ 21,9

Sternenstraßen der Vorzeit

LA BAROCHE SOUS LUCE	48,55° N	0,42° W	+ 15,4
GOULT ST. MICHEL	48,60° N	0,07° W	+ 21,9
ALENCON	48,36° N	0,09° O	− 5,5
ST. SIMEON Menhir 4 m	48,43° N	0,53° O	+ 2,2
BELLEME	48,38° N	0,61° O	− 3,3
BETHON-VILLIERS	48,38° N	0,92° O	− 3,3
LA LOUPE	48,48° N	1,02° O	+ 7,7
CHARTRES LUCE	48,43° N	1,47° O	+ 2,2
CHALO, ST. MARS	48,43° N	2,07° O	+ 2,2
ETAMPES	48,44° N	2,16° O	+ 3,3
FONTAINEBLEAU	48,41° N	2,74° O	± 0,0
ST. LOUP DE NAUD	48,56° N	3,21° O	+ 16,5
FONTAINE LE GRES nw. Troyes	48,44° N	3,90° O	+ 3,3
TROYES La Capelle ST-LUC	48,32° N	4,08° O	− 9,9
FORET DU TEMPLE nördl. Vendeuvre s. Barse	48,30° N	4,45° O	− 12,1
BRIENNE le Château	48,38° N	4,55° O	− 3,3
COLOMBEY-LES DEUX EGLISES	48,23° N	4,89° O	− 19,8
HOUDELAINE-COURT	48,53° N	5,48° O	+ 13,2
POMPIERRE	48,26° N	5,67° O	− 16,5

Berechnungen und Tabellen

Die Kathedrale in Troyes, Innenansicht (1208-1220)

Sternenstraßen der Vorzeit

Ortsname	Geographische Breite	Geographische Länge	Ablage in km
VOUDEMONT SIGNAL DE, Wodansberg, 541 m	48,39° N	6,07° O	− 2,2
CAMP CELTIQUE St. Die	48,33° N	6,95° O	− 8,8
MT. SAINTE ODILE OBERNAI, 830 m	48,43° N	7,45° O	+ 2,2

Voudemont, Wodansberg (542−492 m)

Berechnungen und Tabellen

Ortsname	Geographische Breite	Geographische Länge	Ablage in km
BRANDENKOPF Schwarzwald, 931 m	48,33° N	8,18° O	- 8,8
HUNDSKOPF GR. 950 m	48,40° N	8,25° O	- 1,1
SONNENBÜHL	48,35° N	9,17° O	- 6,6
BLAUBEUREN	48,40° N	9,79° O	- 1,1
ULM	48,41° N	10,00° O	± 0,0
AUGSBURG	48,37° N	10,99° O	- 4,4
FREISING	48,40° N	11,74° O	- 1,1
ALTÖTTING	48,21° N	12,75° O	- 22,2
WALBURGS-KIRCHEN	48,35° N	12,90° O	- 6,6
SCHILDTHURN	48,31° N	12,99° O	- 11,1
LICHTENBERG 926 m	48,39° N	14,30° O	- 2,2
STERNSTEIN	48,56° N	14,32° O	+ 16,5

Sternenstraßen der Vorzeit

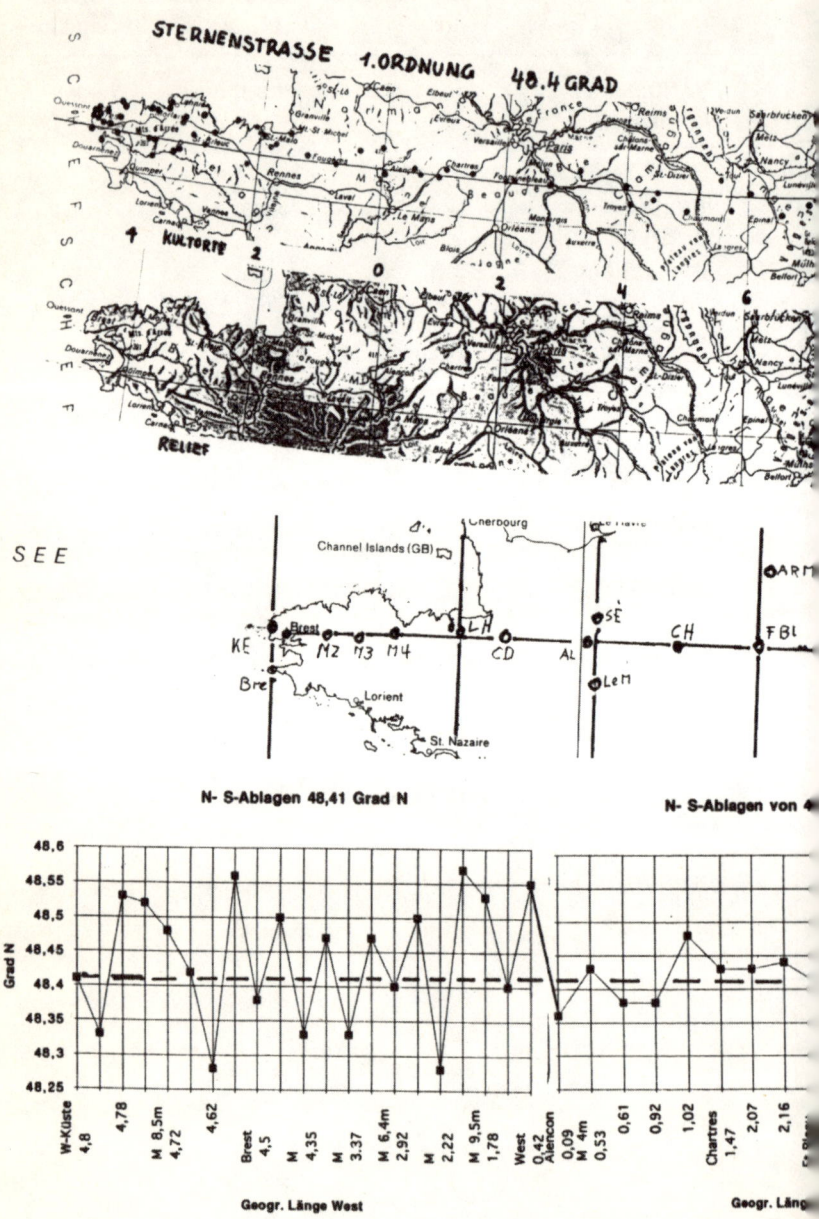

Berechnungen und Tabellen

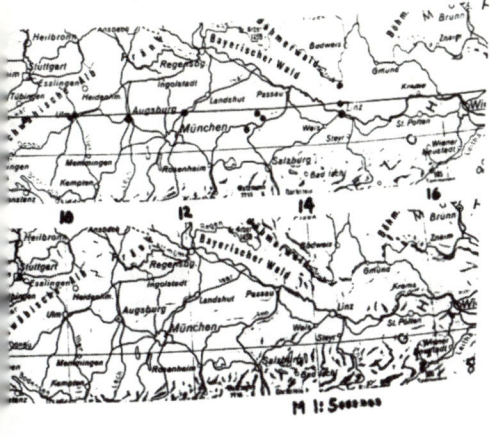

*Graphik 3:
Ablagen von West/Ost-
Sternenstraße
1. Ordnung 48,41° Nord*

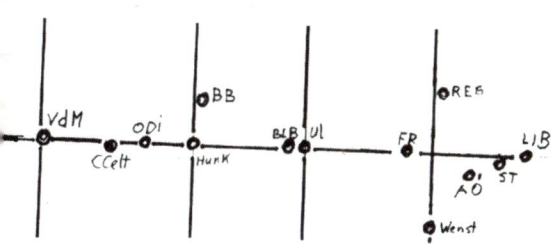

N- S-Ablagen von 48,41 Grad N

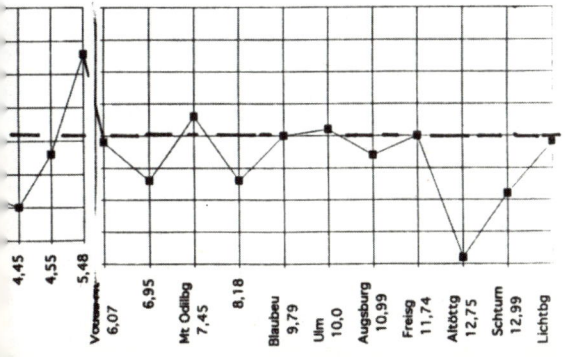

20. Kapitel

Ablagen bedeutender Kultorte gegenüber der West/Ost-Sternenstrasse 1. Ordnung, geographische Breite 51,18 Grad Nord in km

Plusablage = nach Norden, Minusablage = nach Süden

Ortsname	Geographische Breite	Geographische Länge	Ablage in km
LUNDY/Insel Westbeginn, West/Ost-Sternenstraße 1. Ordnung 51,18° N	51,18° N	4,67° W	± 0,0
BARNSTAPLE	51,08° N	4,05° W	− 11,1
TAUNTON WORKHOUSE bronzezeitl. Fundstätte	51,03° N	3,07° W	− 16,5
OTHERY St. Michael Kirche	51,08° N	2,90° W	− 11,1
CHEDDAR jungpaläolith. Fundstätte	51,17° N	2,80° W	− 1,1
GLASTONBURY Sternentempel	51,13° N	2,69° W	− 5,5
MIDSOMER-NORTON	51,29° N	2,48° W	+ 12,1
MERE Glockenbecher-, Streitaxtkultur	51,08° N	2,27° W	− 11,1

Berechnungen und Tabellen

WESTBURY Steinsetzung	51,27° N	2,13° W	+ 9,9
STONEHENGE Steinkreis, Tumuli	51,18° N	1,84° W	± 0,0
SNAIL DOWN	51,18° N	1,84° W	± 0,0
WILSFORD bronzezeitl. Fundstätte.	51,18° N	1,84° W	± 0,0
OLD SARUM Wallanlage	51,10° N	1,80° W	- 8,8
WINTERSLOW	51,10° N	1,67° W	- 8,8

Stonehenge

Sternenstraßen der Vorzeit

Ortsname	Geographische Breite	Geographische Länge	Ablage in km
AMESBURY	51,27° N	1,12° W	+ 9,9
FARNHAM nacheiszeitliche Jäger- und Sammler-Fundstätte	51,22° N	0,80° W	+ 15,4
DEVILS PUNCH BOWL NW Haslemere	51,13° N	0,74° W	− 5,5
HORSHAM nacheiszeitliche Jäger- und Sammler-Fundstätte	51,07° N	0,33° W	− 12,2
SEVENOAKS CHIDDINGSTONE	51,19° N	0,16° O	+ 1,1
MAIDSTONE	51,27° N	0,52° O	+ 9,9
CANTERBURY	51,28° N	1,09° O	+ 11,1
TEMPLE EWELL nördl. Dover	51,17° N	1,25° O	− 1,1
DOVER	51,12° N	1,32° O	− 5,5
ST. MARGRETH'S nördl. Dover	51,17° N	1,38° O	− 1,1
NIEUWPOORT	51,14° N	2,77° O	− 4,4
MIDDELKERKE/ WESTENDE	51,17° N	2,79° O	− 1,1
BRÜGGE ST. MICHIELS	51,18° N	3,20° O	± 0,0
BELLEM	51,09° N	3,49° O	− 9,9

Berechnungen und Tabellen

BELZELE	51,10° N	3,66° O	− 8,8
BELSELE	51,15° N	4,09° O	− 3,3
ST. NIKLAAS	51,17° N	4,14° O	− 1,1
BORNEM vorm. Borno	51,12° N	4,30° O	− 5,5
ANTWERPEN BORSBEEK	51,22° N	4,42° O	+ 4,4
GEHEEL	51,16° N	5,00° O	− 2,2
BAELEN	51,17° N	5,18° O	− 1,1
BOCHOLD	51,18° N	5,60° O	± 0,0
ST ODILIENBERG südl. Roermond	51,15° N	6,00° O	− 3,3
HEILIGENPESCH MÖCHENGLADBACH	51,18° N	6,38° O	± 0,0
MÖNCHENGLADBACH Münster-Kirche	51,20° N	6,41° O	+ 2,2
RHEINDALEN südwestl. von Mönchengladbach, Siedlungsgebiet vom Alt-bis Jung-paläolithikum, mehrere »Siedlungshorizonte«	51,18° N	6,36° O	± 0,0
RHEYDT	51,17° N	6,46° O	− 1,1
ODENKIRCHEN-WETSCHEWELL	51,12° N	6,46° O	− 5,5
BEDBURDYK	51,12° N	6,57° O	− 5,5
BENRATH	51,16° N	6,89° O	− 2,2

Sternenstraßen der Vorzeit

METTMANN Neandertal; Skelettfund ca. 60.000 Jahre alt	51,25° N	7,00° O	+ 7,7
WERMELSKIRCHEN	51,15° N	7,25° O	- 3,3
ATTENDORN	51,13° N	7,92° O	- 5,5
WORMBACH	51,17° N	8,25° O	± 0,0
KAHLER ASTEN	51,18° N	8,47° O	± 0,0
SACHSENBERG	51,13° N	8,79° O	- 5,5
WILDUNGEN	51,11° N	9,15° O	- 7,7
GUDENSBERG	51,18° N	9,38° O	± 0,0
HOHER MEISSNER	51,19° N	9,89° O	+ 1,1
ESCHWEGE	51,15° N	10,07° O	- 3,3
NAUMBURG	51,15° N	11,81° O	- 3,3
BORNA	51,09° N	12,53° O	- 9,9
MEISSEN	51,12° N	13,46° O	- 6,6
BAUTZEN	51,14° N	14,41° O	- 4,4
GÖRLITZ	51,13° N	15,00° O	- 5,5
BRESLAU	51,12° N	17,00° O	- 6,6

Berechnungen und Tabellen

Meißen: Burgberg, Albrechtsburg und Dom

Sternenstraßen der Vorzeit

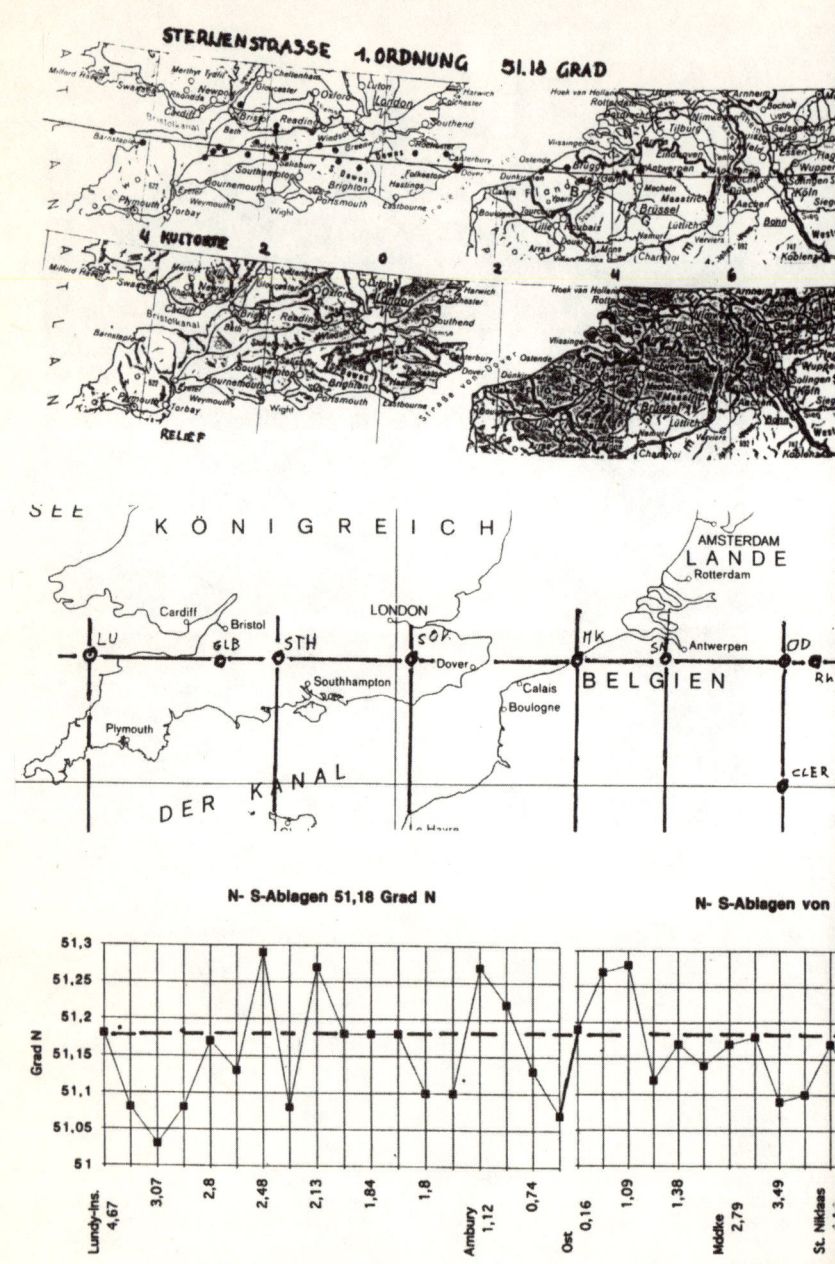

Berechnungen und Tabellen

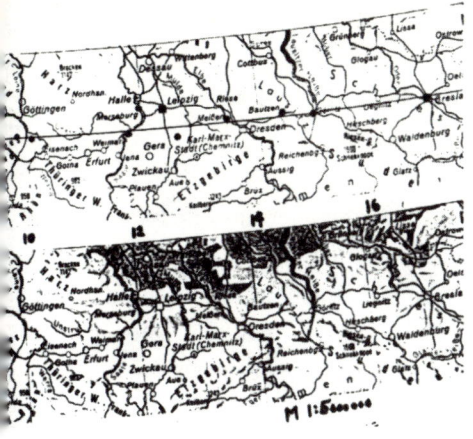

*Graphik 4:
Ablagen von West/Ost-
Sternenstraße 1. Ordnung
51,18 Grad Nord*

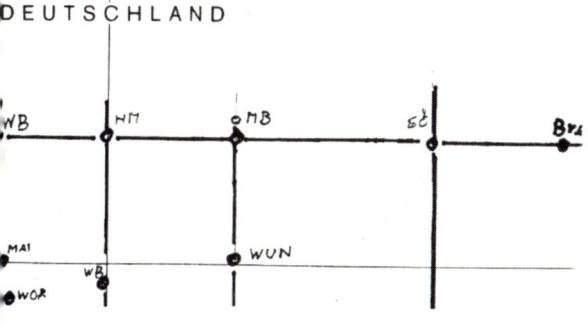

N- S-Ablagen von 51,18 Grad N

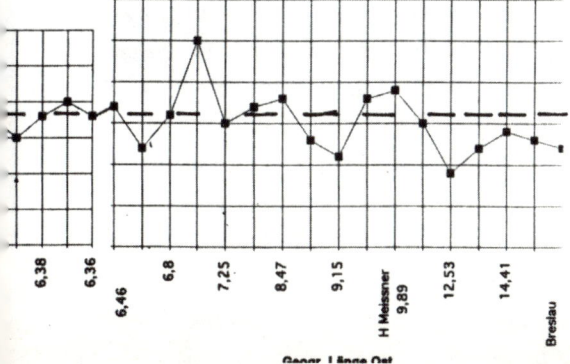

21. Kapitel

Nord/Süd-Sternenstrassen 1. Ordnung

Die West/Ost-Sternenstraßen 1. Ordnung, gemäß den heutigen Breitengraden verlaufend, sind die bestimmenden Kult- und Ordnungsfunktionen, die für die Orientierung, Besiedelung und weitere Entwicklung des west- und mitteleuropäischen Siedlungsraumes aus megalithischer Zeit die Richtwerte abgaben. Diese Ordnungsfunktionen haben sich bis in die heutige Zeit als noch erkennbar erhalten.

Die West/Ost-orientierten Ordnungsfunktionslinien lösten die Frage aus, ob gleichwertige Nord/Süd-Beziehungen, d. h. längengradorientierte Ordnungsfunktionslinien bestehen, die sich einst in megalithischer Zeit bereits rechtwinklig zu einem Ordnungsnetz fügten.

Das sich dann abzeichnende megalithische Kult-, Orientierungs- und Ordnungsnetz, ausgehend von bedeutenden Kultorten auf den West/Ost-Sternenstraßen 1. Ordnung, war eine sich aufdrängende Folgerung.

Diese Folgerung ist zwingend, denn wenn ein derartiges Orientierungssystem, grundsätzlich an den West/Ost-Sternenstraßen orientiert, gefunden werden konnte, dann mußten zur einfachsten Komplettierung zu einem simplen Netz aus heutiger Sicht die Nord/Süd-Sternenstraßen ebenfalls existiert haben.

Ausgang für dieses logisch geforderte Kult-, Orientierungs- und Ordnungsnetzwerk waren die geographischen Längenkoordinaten wichtiger alter Kultstätten wie Santiago de Compostella, Stonehenge, Wormbach und weitere west- und mitteleuropäische bedeutende Kultorte.

Diese frühen Kultorte habe ich bereits auf den West/Ost-Sternenstraßen 1. Ordnung bestimmt.

Berechnungen und Tabellen

Durch dieses Prinzip, das aus den ersten Interpretationen zu den West/Ost-Sternenstraßen 1. Ordnung gefunden war, wurde die Aufdeckung der Nord/Süd-Sternenstraßen 1. Ordnung entscheidend erleichtert.

Die praktische Aufdeckung der Nord/Süd-Sternenstraßen 1. Ordnung erfolgte dann unter konsequenter Beibehaltung dieser bewährten primären Suchkriterien: Maßgeblich für die Ein- und Zuordnung ist die aus der Kultstättenkontinuität nachgewiesene überlieferte Bedeutung des Ortes als eine Kultstätte von hohem Rang und aller weiteren analogen Auswahlkriterien, die sich bereits bei der Auffindung der West/Ost-Sternenstraßen 1. Ordnung als erfolgreich ausgewiesen hatten.

22. Kapitel

Nord/Süd-Sternenstrasse 1. Ordnung auf der Geographischen Länge der Lundy-Insel: 4,67 Grad West

Kultstätte / Ort	Geographische Länge	Geographische Breite
LUNDY-INSEL Westbeginn der West/Ost-Sternenstraße 1. Ordnung 51,18° N	4,67° W	51,18° N
TINTAGEL	4,60° W	50,67° N
MICHAELSTOW	4,71° W	50,58° N
GRIBBIN HEAD	4,67° W	50,31° N
MENHIR V. KERLOAZ Departement Finistère	4,68° W	48,42° N
BREST Hafen	4,50° W	48,38° N
BREZELLEC PNTE DE	4,67° W	48,14° N
VIDIAGO COSTA VERDE MEGALITH. MONUMENT	4,66° W	43,38° N
MT. CURAVACAS (2525 m)	4,67° W	42,98° N

Berechnungen und Tabellen

23. Kapitel

Nord/Süd-Sternenstrasse 1. Ordnung auf der geographischen Länge von Stonehenge: 1,84 Grad West

Kultstätte/Ort	Geographische Länge	Geographische Breite
STONEHENGE Steinkreis	1,84° W	51,18° N
OLD SARUM	1,81° W	51,09° N
BOURNEMOUTH Küste	1,84° W	50,75° N
CAP DE LA HAGUE Küste	1,84° W	49,71° N
MT.-ST-MICHEL	1,51° W	48,64° N
CANCALE, Pointe de la Chaine	1,84° W	48,68° N
TINTENIAC	1,84° W	48,33° N
LANHELIN Le Rocher Abraham	1,83° W	48,47° N
STe ANNE- S. VILAINE, Megalith	1,84° W	47,72° N
LE TEMPLE DE BRETAGNE	1,76° W	47,33° N
NADES Loire-Mündung, Megalith	1,81° W	47,27° N

Sternenstraßen der Vorzeit

MACHECOUL	1,84° W	46,58° N
ST. JEAN-DE-LUZ Hafen	1,73° W	43,38° N
ST. MARTIN-DE-BREM Megalith, Küste	1,84° W	46,54° N
GUADALLUPE NA. SA. DE	1,79° W	43,36° N
SANTUARIO MIGUEL	1,93° W	42,91° N
PUENTE LA REINA Ermita de Sta. Lucia	1,83° W	42,67° N

Puente la Reina

Berechnungen und Tabellen

24. Kapitel

Nord/Süd-Sternenstrasse 1. Ordnung auf der geographischen Länge von Chiddingstone: 0,16 Grad Ost

Kultstätte/Ort	Geographische Länge	Geographische Breite
SEVENOAKS	0,16° O	51,28° N
CHIDDINGSTONE	0,16° O	51,19° N
SEVEN SISTERS Küste EASTBOURNE	0,16° O	50,75° N
BELVAL Aiguille de (franz. Küste)	0,16° O	49,73° N
LE HAVRE	0,16° O	49,50° N
BELLOU	0,23° O	48,98° N
ALENCON	0,10° O	48,40° O
SEES BELFONDS	0,16° O	48,60° O
LE MANS	0,16° O	48,00° N
VOUILLE	0,16° O	46,88° N
POITIERS	0,33° O	46,58° N
ANGOULEME St-Michel d'Entraygues	0,16° O 0,08° O	45,67° N 45,64° N
MARMANDE	0,14° O	44,50° N
TARBES	0,08° O	43,23° N

Die Kathedrale Notre-Dame-la-Grande in Poitiers: Westfassade (1150)

Berechnungen und Tabellen

Die Kathedrale in Le Mans: Chor (1217)

Sternenstraßen der Vorzeit

*Die Kathedrale St-Pierre in Angoulême:
Westfassade (1128)*

Berechnungen und Tabellen

25. Kapitel

Nord/Süd-Sternenstrasse 1. Ordnung auf der geographischen Länge von Middelkerke/St. Idesbald: 2,70 Grad Ost

Kultstätte / Ort	Geographische Länge	Geographische Breite
Küste von		
MIDDELKERKE	2,79° O	51,17° N
NIEUWPOORT	2,74° O	51,12° N
ST. IDESBALD	2,60° O	51,10° N
Loker, 140 m; Mt. des Cats, 164 m; Kemmel 153 m	2,77° O	50,77° N
BAILLEUL	2,67° O	50,71° N
ARMENTIERES	2,87° O	50,66° N
BETHUNE südl. N. D. de Lorette	2,70° O	50,48° N
AMIENS	2,32° O	49,90° N
COMPIEGNE	2,83° O	49,43° N
FONTAINEBLEAU	2,74° O	48,41° N
CHALETTE-SUR LOING La Chapelle St-Sépulcre	2,77° O	48,03° N
ORCIVAL Auvergne	2,81° O	45,65° N
PUY DE SANCY 1885 m	2,83° O	45,48° N

Sternenstraßen der Vorzeit

BELMONT-S.-RANCE	2,75° O	43,82° N
MONTLUCON	2,60° O	46,36° N
ESTELLE, PUIG DE L' 1778 m	2,57° O	42,51° N
BOULOUN	2,80° O	42,53° N

Tierkreiszeichen Krebs, Löwe und die zugehörigen Jahresarbeiten an der Kathedrale in Amiens (1218–1247)

Berechnungen und Tabellen

26. Kapitel

Nord/Süd-Sternenstrasse 1. Ordnung auf der geographischen Länge von St. Niklaas/Belsele: 4,1 Grad Ost

Kultstätte/Ort	Geographische Länge	Geographische Breite
BELSELE – ST. NIKLAAS	4,1° O	51,15° N
REIMS	4,0° O	49,27° N
TROYES La Chapelle de Luc	4,08° O	48,32° N
VEZELAY AVALLON	3,91° O	47,48° N
SITE GALLO-ROMAIN	4,01° O	47,06° N
AUTUN	4,30° O	46,96° N
VAUDELIN / MONT DARDON 509 m	4,02° O	46,68° N
CLUNY	4,66° O	46,43° N
LE PUY (Haute Loire) St-Michel-d'Aiguilhe	3,94° O	45,06° N
Grotte des Demoiselles	3,75° O	43,91° N
PIC ST. LOUP	3,82° O	43,78° N
MONTPELLIER	3,88° O	43,61° N

Die Kathedrale in Reims: Westfassade (1211-1280)

Berechnungen und Tabellen

Die Abteikirche St-Rémi in Reims: Innenansicht, Tierkreis (1049)

Die Kathedrale in Troyes: Innenansicht (1208-1220)

Berechnungen und Tabellen

Le Puy: Die Kapelle St-Michel-d'Aiguilhe

27. Kapitel

Nord/Süd-Sternenstrasse 1. Ordnung auf der geographischen Länge von St. Odilienberg: 6,0 Grad Ost

Kultstätte / Ort	Geographische Länge	Geographische Breite
ST. ODILIENBERG	6,00° O	51,15° N
AACHEN	6,10° O	50,80° N
CLERVAUX	6,00° O	50,05° N
VOUDEMONT Signal de, Wodansberg, 541 m	6,07° O	48,39° N
VITTEL an Römerstr.	5,95° O	48,20° N
BESANCON Kathedrale	6,00° O	47,24° N
CHALLES-LES-EAUX MT. ST. MICHEL 895 m bei CHAMBERY	6,00° O	45,55° N
GRENOBLE	5,73° O	45,17° N
ST. FIRMIN	6,00° O	44,78° N
CHATEAU-ARNOUX Mt. St-Jean 666 m	6,00° O	44,09° N
VALENSOLE Plateau de Valensole	6,00° O	42,83° N

Berechnungen und Tabellen

ST. MAXIMIN- 5,89° O 43,44° N
La-Sainte Baume, Basilika (1295)
Sainte-Madeleine, heilige Grotte

TOULON 6,00° O 42,12° N

Signal de Voudemont, Wodansberg (495-542 m)

28. Kapitel

Nord/Süd-Sternenstrasse 1. Ordnung auf der geographischen Länge von Wormbach: 8,25 Grad Ost

Kultstätte / Ort	Geographische Länge	Geographische Breite
WORMBACH	8,25° O	51,17° N
MAINZ	8,29° O	50,01° N
WORMS	8,36° O	49,63° N
SPEYER	8,44° O	49,32° N
Merkur 670 m (Staufenberg) BADEN-BADEN	8,28° O	48,76° N
Großer Hundskopf 950 m	8,24° O	48,40° N
ST. GEORGEN	8,34° O	48,12° N
LUZERN Pilatus 2.149 m	8,24° O	47,0° N
DOMO-DOSSOLA	8,30° O	46,11° N
VARALLO-SESIA Sacro Monte	8,25° O	45,75° N
SANTUARIO D'OROPA	8,05° O	45,57° N
ASTI	8,25° O	44,90° N
BORGHETTO S. SPIRITO, Küste	8,25° O	44,12° N

Berechnungen und Tabellen

Ur-Pfarrkirche in Wormbach (12. Jh.)

Sternenstraßen der Vorzeit

Der Tierkreis im Gewölbe der Pfarrkirche in Wormbach (12. Jh.)

Berechnungen und Tabellen

Der Dom in Worms

Sternenstraßen der Vorzeit

Weihestein für den Gott Merkur in Baden-Baden

Zeichnung von 1677 (G.M. Bellon)

29. Kapitel

Nord/Süd-Sternenstrasse 1. Ordnung auf der geographischen Länge von Eschwege: 10,0 Grad Ost

Kultstätte / Ort	Geographische Länge	Geographische Breite
ESCHWEGE HOHER MEISSNER	10,00° O	51,20° N
Wasserkuppe	9,95° O	50,50° N
WÜRZBURG	9,94° O	49,80° N
ULM	10,00° O	48,40° N
BLAUBEUREN	9,79° O	48,40° N
LEUTKIRCH	10,00° O	47,83° N
Silvrettahorn, 3.248 m	10,07° O	46,87° N
DAVOS	9,82° O	46,82° N
ZERNEZ	10,07° O	46,71° N
Julier-Pass	9,79° O	46,47° N
Bernina-Pass	10,07° O	46,41° N
C.no Stella	9,79° O	46,06° N
BERGAMO, BRESCIA	9,62° O	45,70° N
CREMONA	10,03° O	45,13° N
LA SPEZIA, Küste	9,84° O	44,10° N

Sternenstraßen der Vorzeit

Das Münster in Ulm

Berechnungen und Tabellen

30. Kapitel

Nord/Süd-Sternenstrasse 1. Ordnung auf der geographischen Länge von Naumburg: 11,81 Grad Ost

Kultstätte/Ort	Geographische Länge	Geographische Breite
MERSEBURG	12,0° O	51,36° N
NAUMBURG	11,81° O	51,15° N
GERA	12,08° O	50,88° N
Ochsenkopf 1023 m	11,81° O	50,03° N
WUNSIEDEL	12,0° O	50,04° N
REGENSBURG	12,10° O	49,02° N
FREISING	11,74° O	48,39° N
Wendelstein	12,0° O	47,69° N
Sonnenwend-Gebirge 2.299 m	11,74° O	47,46° N
BRUNECK	11,95° O	46,80° N
CORTINA D'AMPEZZO	12,0° O	46,54° N
PADUA	11,85° O	45,40° N
LUGO/ BAGNO-CAVALLO	11,92° O	44,41° N

Sternenstraßen der Vorzeit

Der Dom zu Naumburg, romanisch-gotisch (11 Jh.)

Berechnungen und Tabellen

31. KAPITEL

STONEHENGE

Sommersonnenwende
Visurlinie Sonnenaufgang

ORT	Distanz km	km/n" = n kME$_{Kam}$
CURSE of the AVENUE	0,6	0,71
DURRINGTON	4,1	4,88
BRIGMERSTON	5,2	6,18
Tumuli	11,4	13,56
Tumulus	12,3	14,63
Tumuli	14,8	17,60
Tumulus	17,9	21,28

Sternenstraßen der Vorzeit

Sommersonnenwende
Visurlinie Sonnenuntergang

ORT	Distanz km	km/n" = n kME$_{Kam}$
Gr. CURSUS Tumuli	1,1	1,31
Kl. CURSUS Tumuli	2,1	2,50
Tumuli	4,0	4,76
Tumulus	7,9	9,39
LAVINGTON-West	15,8	18,79

Sommersonnenwende
Visurlinie Mondaufgang; Südwende

ORT	Distanz km	km/n" = n kME$_{Kam}$
Tumuli	0,95	1,13
NORMANTON	2,4	2,85
WINTERBOURNE GUNNER	9,0	10,70
Figsbury Ring	10,6	12,60
PITTON	14,0	16,65
PITTON LODGE Tumuli	14,4	17,12

Berechnungen und Tabellen

Sommersonnenwende
Visurlinie Monduntergang; Südwende

ORT	Distanz km	km/n" = n kME$_{Kam}$
Tumuli	0,95	1,13
NORMAN DOWN Tumuli	1,3	1,55
WILSFORD LAKE GROUP Tumuli	2,4	2,85
STAPELFORD-DOWN Tumuli	5,3	6,30
GREAT WITSFORD	8,1	9,63

Wintersonnenwende
Visurlinie Sonnenaufgang

ORT	Distanz km	km/n" = n kME$_{Kam}$
Tumuli	0,8	0,95
Tumuli	2,6	3,09
PORTON	9,1	10,82
Tumuli	11,3	13,44
WINTERSLOW-Middle	14,2	16,89

Wintersonnenwende
Visurlinie Sonnenuntergang

ORT	Distanz km	km/n" = n kME$_{Kam}$
Tumuli	0,6	0,71
STAPLEFORD Kirche	7,0	8,32

Sommersonnenwende
Visurlinie Mondaufgang; Nordwende

ORT	Distanz km	km/n" = n kME$_{Kam}$
Tumuli	0,8	0,95
AMESBURY-West Tumulus	1,5	1,78
IDMISTON Kirche, Tumulus	8,9	10,58
IDMISTON-DOWN Tumuli, RING	11,5	13,67

Berechnungen und Tabellen

Sommersonnenwende
Visurlinie Mondaufgang; Nordwende

ORT	Distanz km	km/n" = n kME$_{Kam}$
Tumuli	13,3	15,82
WINTERSLOW-East	14,7	17,48

Sommersonnenwende
Visurlinie Monduntergang; Nordwende

ORT	Distanz km	km/n" = n kME$_{Kam}$
Tumuli	1,1	1,31
Tumuli	1,9	2,26
HORSE DOWN Tumulus	3,7	4,40

Sommersonnenwende
Visurlinie Monduntergang; Nordwende

ORT	Distanz km	km/n" = n kME$_{Kam}$
CHURCH end RING	12,8	15,22
CHILMARK Kirche	18,0	21,40

Wintersonnenwende
Visurlinie Mondaufgang; Südwende

ORT	Distanz km	km/n" = n kME$_{Kam}$
DURRINGTON WALLS	3,5	4,16
Lang Barrow Ring	7,8	9,28
Tumuli	8,7	10,34
TIDWORTH	13,2	15,70
LUDGERSHALL	17,1	20,33

Wintersonnenwende
Visurlinie Monduntergang; Südwende

ORT	Distanz km	km/n" = n kME$_{Kam}$
GR. CURSUS Tumuli	2,4	2,85
Tumuli	4,1	4,88
Silver Barrow Tumulus	9,1	10,82
TILSHEAD	10,8	12,84

Berechnungen und Tabellen

Wintersonnenwende
Visurlinie Mondaufgang; Nordwende

ORT	Distanz km	km/n" = n kME$_{Kam}$
Tumuli	2,0	2,38
LARKHILL, Kapelle	2,4	2,85
Tumulus	8,0	9,51
ABLINGTON	9,5	11,30
Tumulus	10,3	12,25
Weather Hill Tumuli	19,2	22,83
Weather Hill Firs Tumuli	21,8	25,92
COLLINGBOURNE KINGSTON	28,8	34,25

Wintersonnenwende
Visurlinie Monduntergang; Nordwende

ORT	Distanz km	km/n" = n kME$_{Kam}$
Tumulus	0,9	1,07
GR. CURSUS	1,5	1,78

Wintersonnenwende
Visurlinie Monduntergang; Nordwende

ORT	Distanz km	km/n" = n kME$_{Kam}$
Tumuli	4,3	5,11
Tumuli	5,3	6,30

Wintersonnenwende
Visurlinie Monduntergang; Nordwende

ORT	Distanz km	km/n" = n kME$_{Kam}$
Tumulus	9,1	10,82
Tumulus	13,0	15,46
SUMER DOWN Tumulus	17,0	20,21
WARREN DOWN	19,2	22,83
EASTERTON Kapelle	26,4	31,39

Berechnungen und Tabellen

Äquinoktien
Visurlinie Sonnenaufgang

ORT	Distanz km	km/n" = n kME$_{Kam}$
Tumulus	2,5	2,97
Tumuli	5,7	6,78
Tumuli	7,0	8,32
Tumulus	8,9	10,58
CHOLDERTON Kirche	10,6	12,60
Tumulus	12,7	15,10

Äquinoktien
Visurlinie Sonnenuntergang

ORT	Distanz km	km/n" = n kME$_{Kam}$
Tumuli	2,2	2,62
Tumulus	16,5	19,62
HEYTSBURY Tumuli	20,4	24,26

Äquinoktien
Visurlinie Mondaufgang; Nordwende

ORT	Distanz km	km/n" = n kME$_{Kam}$
Tumuli	1,3	1,55
Long Barrow Tumuli	5,0	5,95

Äquinoktien
Visurlinie Mondaufgang; Nordwende

ORT	Distanz km	km/n" = n kME$_{Kam}$
Tumulus	7,0	8,32
Beacon Hill, Tumulus	8,2	9,75

Äquinoktien
Visurlinie Monduntergang; Nordwende

ORT	Distanz km	km/n" = n kME$_{Kam}$
WINTERBOURNE STOKE DOWN Tumuli	2,8	3,33
ROHESTONE Kapelle	5,0	5,95
Tumulus	9,6	11,42
Tumulus	16,4	19,5
Tumulus	20,9	24,85

Berechnungen und Tabellen

Äquinoktien
Visurlinie Mondaufgang; Südwende

ORT	Distanz km	km/n" = n kME$_{Kam}$
AMESBURY Kapelle	5,3	6,30
Earls Farm Down Tumuli	5,8	6,90

Äquinoktien
Visurlinie Mondaufgang; Südwende

ORT	Distanz km	km/n" = n kME$_{Kam}$
WILBURY HO Tumulus	9,7	11,53
Tumulus	12,2	14,51
PALESTINE Tumulus	14,4	17,12

Äquinoktien
Visurlinie Monduntergang; Südwende

ORT	Distanz km	km/n" = n kME$_{Kam}$
WINTERBOURNE Stoke Group Tumuli	2,3	2,74
WINTERBOURNE STOKE	5,1	6,06
Yarnbury-Ring	8,9	12,6
Tumuli	10,2	12,13
CODFORD ST. MARY Kirche, Kapelle	15,1	17,96
CODFORD ST. PETER Kirche	16,0	19,03
BOYTON Kirche	17,6	20,93

Die ermittelten Stonehenge-Umfelddistanzen in Kilometer wurden mittels der nächst größeren megalithischen Entfernungseinheit
1000 megalithische Ellen$_{Kam}$ = 1 kME$_{Kam}$ = 840 m = 0,84 km = n» = 1 kME$_{Kam}$ umgerechnet.
Die megalithische Elle wurde mit dem Wert der idealen Vara$_{Kam}$ = 0,84 m in Ansatz gebracht. Für die Detailuntersuchung des prähistorischen Kultraumes Stonehenge wurden die Kartenblätter 166 und 167 des ORDNANCE SURVEY CHESSINGTON SURREY, 1 : 63.000 von 1960/1963 verwendet.

Berechnungen und Tabellen

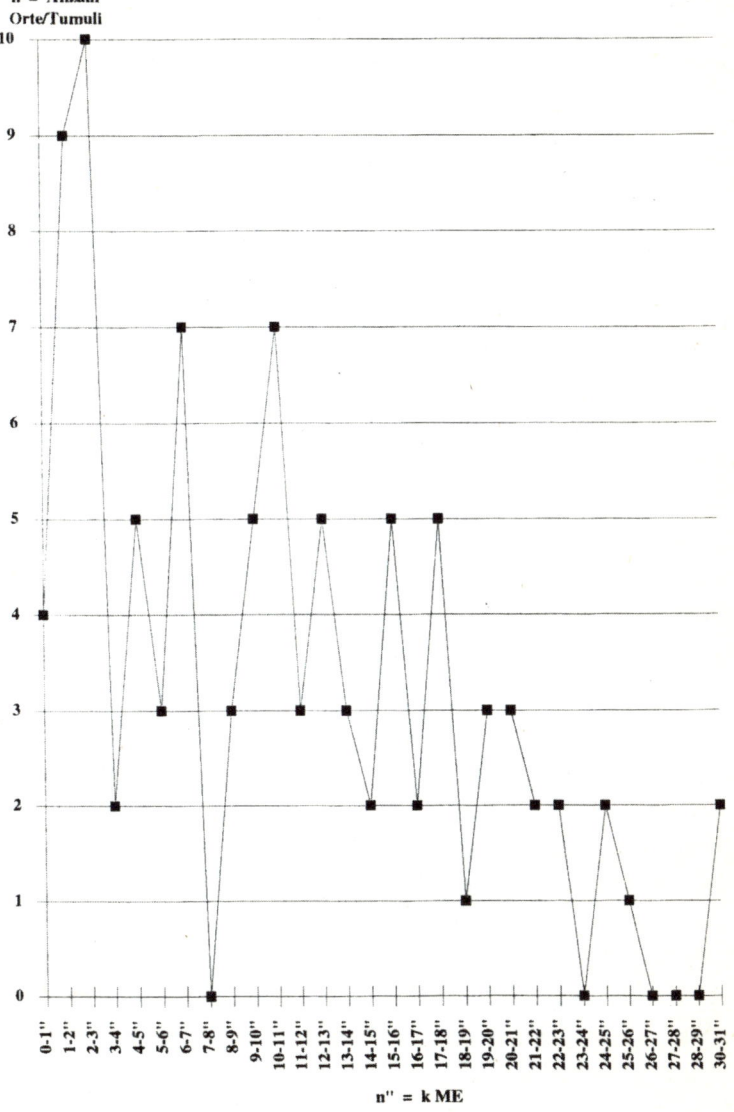

Verteilung der Grabstätten/Tumuli und Orte im Umfeld von Stonehenge mittels Sternenstraßen 2. Ordnung

32. Kapitel

Analyse der Graphik:
Verteilung der Orte und Grabstätten/Tumuli im Umfeld von Stonehenge mittels Sternenstrassen 2. Ordnung

Aus der Graphik (s. Seite 317) und unter Einbeziehung des Studiums der Kartenblätter 166 und 167 des ORDNANCE SURVEY CHESSINGTON SURREY, 1 : 63.000 von 1960/1963, lassen sich die Regeln der Anordnungen von Bestattungen in bezug auf das geometrische Zentrum, das Beobachtungszentrum von Stonehenge, dem Kultzentrum, erkennen und eine von diesem Zentrum ausgehende Ordnungsfunktion für das gesamte Umfeld feststellen. Die Hauptvisurlinien für Sonne und Mond, die Kultlinien, die Sternenstraßen 2. Ordnung sind die Ordnungslinien für die Ebene von Salisbury. Das für das Umfeld von Wormbach abgeleitete Ordnungsprinzip mittels der Hauptvisuren für Sonne und Mond, den Sternenstraßen 2. Ordnung, findet sich analog in Stonehenge wieder. Folgende Entfernungen der Annordnung zeichnen sich ab:

Berechnungen und Tabellen

I. **Zentrum**   **0,0 kME**

    1. Maximum bei: 2,5 kME
    2. Maximum bei: 4,5 kME
    3. Maximum bei: 6,5 kME
    4. Maximum bei: 10,5 kME
    5. Maximum bei: 12,5 kME
    6. Maximum bei: 15,5 kME
    7. Maximum bei: 17,5 kME
    8. Maximum bei: 20,5 kME
    9. Maximum bei: 24,5 kME

    1. Minimum bei: 3,5 kME
    2. Minimum bei: 7,5 kME
    3. Minimum bei: 11,5 kME
    4. Minimum bei: 14,5 kME
    5. Minimum bei: 18,5 kME
    6. Minimum bei: 23,5 kME
    7. Minimum bei: 27,5 kME

II. Die Anordnung der Grabstätten erfolgte nach einer Gesetzmäßigkeit, dem Wormbacher-Prinzip. Diese ausgewiesenen Anordnungen können einmal durch die Auslastung des ersten Anordnungssektors bei 2,5 kME ausgelöst worden sein, oder sie wurden bereits bei der ersten Gestaltung der Umfeldstrukturen nach einer hierarchisch gegliederten Sozialordnung verfügt. Unverkennbar ist die halbkreisförmige, in bestimmten Abständen aufeinander folgende gegliederte Anordnung der Grabstätten in dem Sektor von Norden über Osten nach Süden. Aus der gegliederten Verteilung der Grabstätten/Tumuli auf den 180 Grad-Sektor von Norden über Osten nach Süden läßt sich die bekannte Bestattungsregel nordischer Völker bezüglich des Sonnenaufgangs absehen. Die Bestattungen erfolgten so, daß die Auferstandenen am Tage der Auferstehung in das Licht der aufgehenden Sonne im Ostbereich schauen konnten. Da sich die Aufgänge der Sonne im Verlauf der Jahreszeiten in einem Bereich von Nordost (Sommer) über Osten (Frühlings-/Herbstanfang) bis Südwest (Winter) einstellen, erfolgte eine zugehörige Richtungsbevorzugung der Bestattungen im Hinblick auf die entsprechenden Visuren für die Sonne.

III. Die Anordnung der Ansiedlungen und Orte erfolgte ebenfalls in bezug auf die Hauptvisuren für Sonne und Mond, den Sternenstraßen 2. Ordnung, aber kreisförmig um das Zentrum von Stonehenge herum.

Anmerkung: Aus den Durchmusterungen und Vermessungen des Umfeldes von Stonehenge anhand des Kartenwerkes des ORDNANCE SURVEY, Chessington, Surrey, ist mir eine enorme Konzentration von militärischen Anlagen, Schießplätzen usw. um Stonehenge aufgefallen. Diese erschreckende Tatsache sollte Anlaß sein, die hierfür verantwortlichen Militärs von dem hohen Wert des noch nicht erschlossenen europäischen Kulturerbes in der Ebene von Salisbury zu überzeugen und weiteren Zerstörungen dieses bedeutenden Kulturerbes durch militärische Aktionen Einhalt zu gebieten!

33. Kapitel

Vermessung von Jakobuspilgerstäben in Graphiken oder Photographien von zeitgenössischen Skulpturen und Gemälden

Standort Jahr	Gesamtgröße der Skulptur (Gg = cm)	Pilgerstablänge (Pl = cm)	Pl/Gg	Knotenabstand Kab = cm	Pl/Kab n Kab
1. Leon ~ 1242	6,5	6,0	0,92	1,25	4,8
2. Köln Chorpfeiler-Figuren 1300	15,0	1,40	0,93	1,21	1,7
3. Oxford ~ 1370	6,2	5,4	0,87	0,95	5,7
4. Paris ~ 1400	2,1	1,7	0,8	0,5	3,4
5. Paris ~ 1400	2,0	1,9	0,95	0,55	3,5
6. Geseke Klappaltar ~ 1450	11,5	7,8	0,68	1,8	4,3
7. Rothenburg ob der Tauber ~ 1470	8,85	8,8	1,0	–	–

Sternenstraßen der Vorzeit

Standort Jahr	Gesamtgröße der Skulptur (Gg = cm)	Pilgerstablänge (Pl = cm)	Pl/Gg	Knotenabstand Kab = cm	Pl/Kab n Kab
8. Rothenburg ob der Tauber ~ 1470	10,3	9,6	0,93	–	–
9. Maria Laach ~ 1497	8,4	8,1	0,96	1,9	4,3
10. Maria Laach ~ 1497	9,5	10,6	1,1	1,8	5,9
11. Maria Laach knieend? ~ 1497	8,2	–	–	1,8?	4,6?
12. Remblinghausen Skulptur, ~ 15. Jh.	16,1	17,9	1,11	2,6	6,9
13. Erfurt Skulptur 15. Jh.	24,0	21,3	0,89	4,7	4,5
14. H. Burgkmair d. Ä. 1506	8,6	6,5	0,76	2,3	2,8
15. H. Burgkmair d. Ä. 1506	8,2	7,0	0,85	1,4	5,6
16. Breckerfeld Skulptur, Altar ~ 1515	11,7	11,5	0,98	–	–

Berechnungen und Tabellen

Standort Jahr	Gesamt- größe der Skulptur (Gg = cm)	Pilger- stab- länge (Pl = cm)	Pl/Gg	Knoten- abstand Kab = cm	Pl/Kab n Kab
17. H. Baldung Holzschnitt 1519	16,5	10,8	0,65	3,2	3,4
18. Leipzig ~ 1521	4,1	2,75	0,67	0,75	3,7
19. Leipzig ~ 1521	4,2	2,95	0,70	0,65	4,5
20. P. Bruegel d. Ä. ~ 1550	6,8	6,3	0,93	1,8	3,5
21. P. Bruegel d. Ä. ~ 1550	4,8	6,4	1,33	1,3	4,9
22. H. Cock nach P. Bruegel d. Ä., ~1550	4,3	4,9	1,14	1,0	4,9
23. A. Collaert Antwerpen Kupferstich ~ 1590	14,4	13,8	0,96	–	–
24. J. Amman Frankfurt 1568	12,2	12,1	0,99	3,7	3,3
25. Niedersfeld Skulptur ~ 16. Jh.	9,7	9,9	1,02	–	–

Sternenstraßen der Vorzeit

Standort Jahr	Gesamt- größe der Skulptur (Gg = cm)	Pilger- stab- länge (Pl = cm)	Pl/Gg	Knoten- abstand Kab = cm	Pl/Kab n Kab
26. Belecke Skulptur ~ 16. Jh.	14,0	10,8	0,77	2,2	4,9
27. Winkhausen Skulptur ~ 16. Jh.	10,0	10,4	1,04	–	–
28. Attendorn Skulptur ~ 1670	13,3	12,1	0,91	1,85	6,5
29. Kirch- hundem Skulptur ~ 1680	14,8	10,8	0,73	2,3	4,7
30. Troyes Bibliothèque municipale 17 Jh.	26,7	26,6	0,99	2,6	10,2
31. J. Chapou- laud Holzschnitt ~ 17. Jh.	15,0	17,4	1,16	5,0	3,5
32. Dormecke Skulptur, ~ 1700	15,9	14,2	0,89	–	–
33. Varste Skulptur ~ 1711	11,8	10,8	0,92	1,4	7,7

Berechnungen und Tabellen

Standort Jahr		Gesamt- größe der Skulptur (Gg = cm)	Pilger- stab- länge (Pl = cm)	Pl/Gg	Knoten- abstand Kab = cm	Pl/Kab n Kab
34.	Wormbach Skulptur Kanzel ~ 1700	50,0	56,0	1,12	8,0	7,0
35.	Winterberg Skulptur ~ 1780	13,7	13,5	0,99	1,2	11,3
36.	Winterberg Skulptur ~ 1800	9,8	10,6	1,08	1,5	6,5
37.	Elspe Skulptur ~ 1880	13,8	10,0	0,73	2,2	4,6
38.	Elspe Skulptur ~ 1880	12,9	13,6	1,05	1,8	7,6

Sternenstraßen der Vorzeit

Jakobuspilger aus dem Leipziger Pilgerführer (1521)

Jakobuspilger mit Stab; Skulptur, Kanzel der Pfarrkirche in Wormbach (ca. 1700)

Berechnungen und Tabellen

In der folgenden Graphik ist der Quotient der Länge des Pilgerstabes (Pl) zur Größe des Jakobuspilgers (Gg) = Pl/Gg über der Zeitachse aufgetragen. Bis zu den Jahren um 1500 n. Chr. ergibt sich eine auffallende Häufung des Wertes für den Quotienten Pl/Gg mit dem Wert 0,92. Danach werden die Abweichungen größer. Offensichtlich gestattete man sich nach 1500 größere »handwerkliche« Freiheiten, d.h. die strengen Vorgaben aus der Überlieferung wurden »vergessen«. Demgegenüber bleibt der Quotient, Länge des Stabes (Pl) zu Abstand der Knoten (Kab) = Pl/Kab, praktisch konstant, von einigen »Ausreißern« abgesehen. Die Folgerung aus diesem Vergleich ist eindeutig die, daß bei der Gestaltung des äußerlichen Erscheinungsbildes des Jakobuspilgers nicht allein die Muschel von Bedeutung gewesen ist. Zusätzlich wurde der Längen-Gestaltung des Pilgerstabes eine bestimmte Maßhaltigkeit zugrunde gelegt, in der sich ganz offensichtlich überlieferte Vorgaben vorchristlicher Zeit – der Weise, der pilgernde Weise mit dem Maßstab – erkennen lassen.

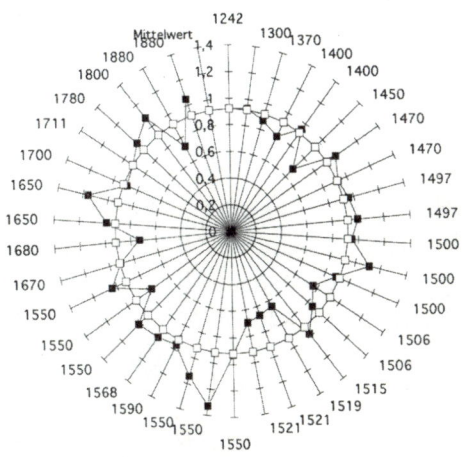

Jakobuspilgerstab, Quotient Pl/Gg im Zeitenwandel;
Mittelwert Pl/Gg= 0,92

34. Kapitel

Rekonstruktion einer Alpenüberquerung im Megalithikum von West nach Ost mittels des Stonehenge/Wormbach-Systems auf der West/Ost-Sternenstrasse 1. Ordnung 45,60 Grad Nord

Die Überquerung der Alpen durch Pilger in megalithischer Zeit gehörte sicherlich zu einer der schwierigsten Aufgaben. Neben den reinen Orientierungsproblemen hatte die überwältigende Gebirgswelt mit ihren extremen physischen und psychischen Anforderungen an den »reisenden« Megalithiker, den Weisen, den Druiden oder den Priester enorme Herausforderungen gestellt.

Trotzdem sind aber diese Überquerungen der Alpen in der Ausrichtung der West/Ost-Sternenstraßen 1. Ordnung des Stonehenge/Wormbach-Systems von den Megalithikern, d. h. von ihren geistigen Leitpersönlichkeiten stetig durchgeführt worden.

Die gemäß dem Stonehenge/Wormbach-System eingeführten und sicherlich entsprechend gekennzeichneten Wege über die Alpen wurden in der Überlieferung weitergereicht und finden sich in den uns heute noch überlieferten Pilgerstraßen, zum Beispiel in der nachstehend ausgewiesenen Alpenüberquerung oder im Pilgerweg von und nach Santiago de Compostella wieder.

Zwei dieser extremen Routen/Straßenführungen über die Alpen sollen in Verbindung mit der West/Ost-Sternenstraße 1. Ordnung auf 45,60° nördlicher Breite des Stonehenge/Wormbach-Systems rekonstruiert werden.

Die West/Ost-Sternenstraße 1. Ordnung 45,60° Nord erreicht, von Westen kommend über Lyon und die Mündung der Saône in die Rhône, Chambéry auf 45,57° Nord und 5,93° Ost.

Südöstlich, zirka 3 km von Chambéry-Zentrum entfernt, liegt der kleine Ort Challes-les-Eaux, überragt vom Mt.-St-Michel mit 895 m Höhe.

Die Spitze des pyramidenförmigen Berges wird von einer Kapelle, einer Verehrungsstätte für den Erzengel Michael, unübersehbar gekrönt. Die Koordinaten dieses Mt.-St-Michel sind 45,55° Nord und 6,00° Ost.

Diese weithin sichtbare Michael-Verehrungstätte ist der West-Ost-Einstiegs-Wegweiser in die beiden Alpenüberquerungsrouten im Verlauf der West/Ost-Sternenstraße 1. Ordnung auf 45,6° Nord.

Interessant und bezeichnend ist die vorgreifende Feststellung, daß der Ost/West-Einstieg für die von Osten nach Westen, d. h. von Italien nach Frankreich vorzunehmende Alpenüberquerung ebenfalls mit einem auffallenden Erzengel Michael-Heiligtum mit einer markanten Bergpyramide besetzt ist. Dieses Michael-Heiligtum befindet sich am Eingang zum Tal nach Susa und hebt sich weit sichtbar aus der Ebene richtungsweisend heraus.

Die 1. Route verläuft in West/Ost-Richtung wie folgt:
(Michelinkarte Frankreich, Nr. 74, 1 : 200.000 und Mairs Geographischer Verlag; Italien 1 : 750.000)

Sternenstraßen der Vorzeit

ORT

MONTMELIAN Einstieg in das Isère-Tal
Rocher du Guet, 1209 m flußaufwärts Richtung NO

ST. JEAN de la Porte

ST. PIERRE
d'Albigny

PONT ROYAL Arc-Mündung in die Isère,
  Abzweig in die 2. Route

ST. VITAL

MERCURY

ALBERTVILLE Arly-Mündung in die Isère.
  Route folgt der Isère nach SO

ST. DIDIER

ST. PAUL s. I.

Grd. COEUR

MOUTIERS Route folgt der Isère nach NO

Croix de Feissons, 1.394 m

ST. MARCEL

AIME

Berechnungen und Tabellen

BOURG ST. MAURICE, Route verläßt die Isère,
la Rosière Richtung NO

ST GERMAIN
Col du Pit St. Bernard,
2.146 m

PRE-ST. DIDIER Route folgt dem Tal der Dora
Baltea

MORGEX

ST. NICOLAS

ST. PIERRE

AOSTA-I 45,74 Grad N, 7,33 Grad O

ST. VINCENT
PONT ST. MARTIN

Mt. Mars, 2.600 m 45,60 Grad N, 7,92 Grad O

SANTUARIO D'OROPA 45,57 Grad N, 8,05 Grad O
bei BIELLA

Sternenstraßen der Vorzeit

Santuario d'Oropa

Berechnungen und Tabellen

Die Zusammenführung der beiden Routen der Alpenüberquerung in Anlehnung an die West/Ost-Sternenstraße 1. Ordnung auf 45,60° Nord im Raume von Ivrea/Biella wird unübersehbar dokumentiert durch die dortige bedeutende Marienverehrungsstätte, Santuario d'Oropa, oberhalb von Biella. Die Koordinaten sind:

Biella:	45,57° Nord und 8,06° Ost, Höhe über NN: 412 m
Santuario d'Oropa:	45,63° Nord und 7,98° Ost, Höhe über NN: 1.250 m

Mit diesen Werten weichen beide Orte nur geringfügig von dem Wert 45,60° Nord für die zugehörige West/Ost-Sternenstraße 1. Ordnung ab.

Santuario d'Oropa, Basilica:
Fresco Marienkrönung, rechts St. Jakobus der Ältere

Sternenstraßen der Vorzeit

Santuario d'Oropa erfüllt seinerseits die Voraussetzungen der Kultstättenkontinuität, wie ich sie für bedeutende Orte auf den Sternenstraßen 1. Ordnung gefordert habe. Es ist auch ein wichtiger Fixpunkt auf dem christlichen Jakobuspilgerweg nach Santiago de Compostella. In der älteren kleinen Basilika findet sich auf einem Krönungsfresco der Maria auch Jakobus der Ältere mit Muschel, Pilgerstab und Kalebasse.

Die alte Kultstätte hat eine hufeisenförmige Struktur. Die Blickrichtung gegen Südosten aus dem sich öffnenden Hufeisen bietet einen beeindruckenden freien Ausblick in die Po-Ebene bis zum Horizont. Diese Richtung weist auf den Süd/Ost-Aufgangsort der Sonne zur Wintersonnenwende hin. Für Santuario d'Oropa ist folgende Kultkontinuität überliefert.

In vorchristlicher Zeit waren die Wälder um den Kultort ein Heiligtum des Gottes Apollon. Apollon wird als der »Lichte«, der »Leuchtende« Gott bezeichnet; dies drückt auch sein Beiname Phöbos aus. In dieser Eigenschaft ist er der Feind aller Finsternis. Als Gott des Lichtes war er ebenfalls Ordner der Jahreszeiten. An diesem Ort wurde seine Wiederkehr aus der Winternacht gefeiert. Die Felsen und Steine auf dem Gelände des Apollon-Heiligtums waren heiligen Frauen, d.h. weiblichen Göttinnen, göttlichen Jungfrauen, sogenannten Muttergottheiten geweiht und erfreuten sich als Verehrungsstätten eines weiträumigen beachtlichen und verehrenden Zuspruches in vorchristlicher Zeit. Die Christianisierung hat diese Kultsituation angetroffen und in christlichem Sinne umgewandelt. Die Madonna, Maria, die Mutter Jesu, trat wie auch an anderen Verehrungsstätten weiblicher Gottheiten in West- und Mitteleuropa an die Stelle der Muttergottheiten. Die Überlieferung erzählt, daß der Heilige Eusebius um 350 eine Statue der Madonna von seinen Reisen aus dem Orient mitbrachte, auf die heidnische Kultstätte setzte und damit diese heidnische Kultstätte im christlichen Sinne in Besitz nahm.

Berechnungen und Tabellen

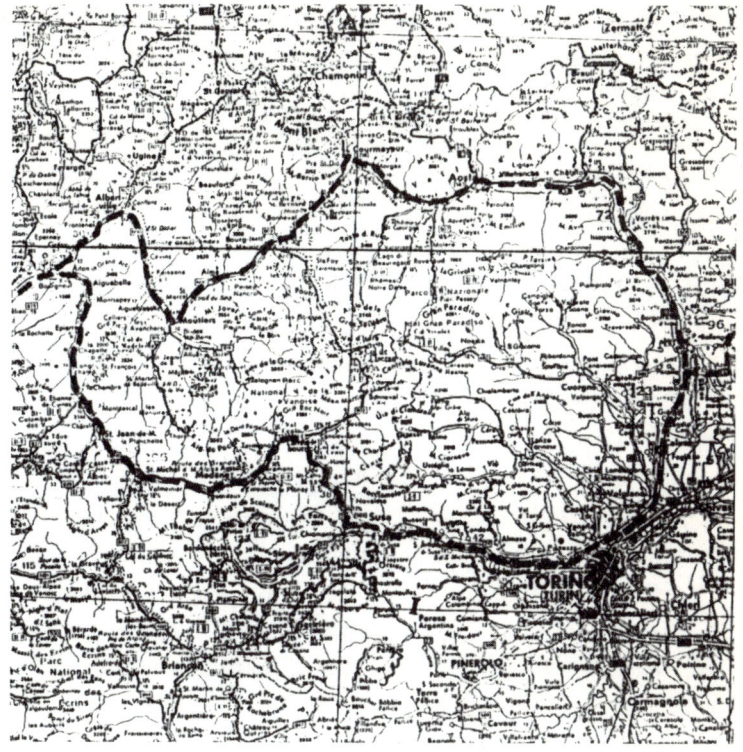

Alpenüberquerung – Pilgerwege – Sternenstraße 45,60° N

Die 2. Route verläuft in West/Ost-Richtung wie folgt:
(Michelinkarte Frankreich, Nr. 74, 77 1 : 200.000 und Mairs Geographaphischer Verlag; Italien 1 : 750.000)

Die Michael-Verehrungstätte bei Chambéry/Challes-les-Eaux ist der West/Ost-Einstieg-Wegweiser in die beiden Alpenüberquerungsrouten im Verlauf der West/Ost-Sternenstraße 1. Ordnung 45,60° Nord.

ORT	
CHAMBERY	
CHALLES-LES-EAUX Mt.-St-Michel	
MONTMELIAN Rocher du Guet, 1209 m	Einstieg in IsèreTal, flußaufwärts Richtung NO
ST. JEAN de la Porte	
ST. PIERRE d'Albigny	
PONT ROYAL	Arc-Mündung in die Isère; Abzweig der 2. Route von der 1. Route in das Arc-Tal
La Croix-d'Aiguebelle	
AIGUEBELLE	
ST. GEORGES- des-Hurtièrs	
ST. ALBAN- des-Hurtièrs	
ST. LEGER	
ST. REMY- de-Maurienne	

ST. ETIENNE-
de-Cuines

STE. MARIE-de-Cuines

ST. JEAN-
de-Maurienne

ST. JULIEN-

Mont-Denis

ST. MARTIN
de-la-Porte

ST. MICHEL-
de-Maurienne

ST. MARTIN-d'Arc

ST. ANDRE

MODANE
Mdg. St. Antoine

AVRIEUX
Mdg. Ste. Anne

BRAMANS
Mdg. St. Bernard

LANSLEBOURG-
Mont-Cenis

Sternenstraßen der Vorzeit

Col du Mont-Cenis, 2.083 m

S. MARTINO

SUSA   45,13° N 7,04° O

S. GIORIO di Susa

S. DIDERO

S. ANTONINO di Susa

S. AMBROGIO di Torino

SACRA DI S. MICHELE   Der Sacra Mt. S. Michele mit einer Höhe von 928 m überragt das Tal dominierend. Die Verehrungsstätte für den Erzengel Michael krönt die Bergspitze. Die Koordinaten sind 45,09° N und 7,33° O.

TORINO   Route wendet sich nach N

S. MAURICIO
Canav.

S. GIORGO
Canav.

IVREA

BIELLA

Berechnungen und Tabellen

Mt. Mars, 2.600 m   45,6° N, 7,92° O

SANTUARIO D'OROPA   45,57° N, 8,05° O
bei BIELLA

Beide Pilgerrouten vereinigen sich nach der West/Ost-Alpenüberquerung über Aosta beziehungsweise Susa im Raume Ivrea/Biella/Santuario d'Oropa beziehungsweise nach der Ost/West-Alpenüberquerung im Raume Chambéry/Challes-les-Eaux auf der West/Ost-Sternenstraße 1. Ordnung auf 45,60° Nord.

Sacra Mt. S. Michele

Zusätzlich ist aber zu beachten, daß eine von Bramans (Haute Maurienne) ausgehende Wegführung es ebenfalls gestattet, Susa nicht über den Col de Mont Cenis, sondern über den Col d'Ambin oder Col d'Etache zu erreichen.

Für diese Übergänge sprechen einige sehr alte beachtenswerte romanische Kirchen- und Kapellenbauwerke, zum Beispiel St-Pierre d'Extravache (Apsis aus dem 11. Jh.) auf 1.600 m Höhe oberhalb von Bramans am Wege zu den Übergängen Col d'Ambin und Col d'Etache.

Die Häufung der Namen christlicher Heiliger in den heutigen Ortsnamen zwischen Chambéry/Challes-les-Eaux und Bramans ist derartig extrem und auffallend, daß dies wie die Darstellung oder Festschreibung eines Kreuzweges anmutet!

Es kann daher angenommen werden, daß in dieser Wegführung nach Susa oder umgekehrt eine wichtige Strecke einer einstigen Ausweich-Hauptroute dokumentiert worden ist.

Weiterhin ist anzusetzen, daß die Christianisierung diese schon weit vor der Zeitenwende benutzte Alpenüberquerungsroute von heidnischen Kultnamen besetzt antraf und diese durch christliche Namen komplett ersetzt hat.

Von Bramans über den Col de Mt. Cenis bis nach Susa findet sich nämlich nur noch ein Ortsname in Verbindung mit einem christlichen Heiligen: S. Martino.

Die lokal angetroffenen besonderen Schwierigkeiten für die Alpenüberquerung, zum Beispiel Lawinen, extremer Schneefall usw., haben sicherlich schon in vergangenen Zeiten nach Umgehungswegen Ausschau halten lassen. Dazu gehört die alternative 3. Route.

Die alternative 3. Route verläuft wie folgt:

ORT

BRAMANS

ST. PIERRE
d'Extravache (1.600 m)

LE PLANAY (1.658 m)

Col d'Ambin

Col d'Etache

BARDONECCHIA

SALBERTRAND

S. COLOMBANO

SUSA

St-Pierre d'Extravache (11. Jh.) oberhalb Bramans (1.600 m)

Berechnungen und Tabellen

Hieraus muß gefolgert werden, daß die vorchristliche und nachfolgend die frühchristliche Alpenüberquerung durch Pilger nicht nur über den Col de Mt. Cenis, sondern auch von Bramans über die Alternativ-Route St-Pierre d'Extravache (1.600 m), le Planay (1.658 m) zum Col d'Ambin beziehungsweise Col d'Etache in das Tal der Bardonècchia erfolgte. Es ist verständlich, daß die Wahl der Route zur Alpenüberquerung von den megalithischen Weisen/Pilgern und den christlichen Jakobuspilgern gleichermaßen von den angetroffenen klimatischen Bedingungen wie Schnee und Eis usw. abhängig gemacht worden ist.

Dem Verlauf des Flusses Bardonècchia nach Osten folgend, führt dann diese Alternativ-Route über Bardonècchia, Salbertrand und S. Colombano ebenfalls nach Susa.

Es dürfte sicher sein, daß die Christianisierung bereits angetroffene vorchristliche Benennungen gemäß päpstlicher Anordnung durch christliche Heiligennamen ersetzt hat. Ein Musterbeispiel hierfür sind die christlichen Michael-Verehrungsstätten, die fast alle einen Hinweis auf frühere bedeutende keltisch-gallo-römische Hauptkultzentren enthalten.

So ist zum Beispiel in Nord-Frankreich, südlich von Cholet, heute noch ein Ort/Berg mit dem Doppelnamen St-Michel/Mont-Mercure benannt. Die Koordinaten des Berges mit einer Höhe von 287 m sind 46,83° Nord und 0,78° West.

LITERATUR

ABTEI BORNEM
Belgien, Bibliothek
Nouvelle Carte Chorographique des Pays-Bas Autrichiens, 1777

AUBERT, M.
Cathédrales et trésors Gothiques de France. B. Arthaud, Paris 1958

BADENHEUER, F./
THÜMMLER, H.
Romanik in Westfalen. Paulus Verlag, Recklinghausen, 1. Auflage 1964

BARRES, M.
La Colline inspirée. Paris 1913

BAUMGÄRTEL-
FLEISCHMANN, R.
Der Sternenmantel Kaiser Heinrichs II. und seine Inschriften. Erweiterte Fassung. Fachtagung für Mittelalterliche und Neuzeitliche Epigraphik, Graz, 10.-14. Mai 1988, Österreichische Akademie der Wissenschaften, Philosophisch-Historische Klasse, Denkschriften, 213. Band, Wien 1990

BAYER, S. u.a.
Fischer-Hachette Reiseführer Frankreich. Fischer-Taschenbuchverlag, Frankfurt/Main 1986

BELLON, G.M.
Tentamen Physico-Chymico-Medicum in Origine Thermarum Badensium, 1766

BENNING, A.
Ein Buch über die Engel. Verlag Dr. A. Benning, Lönningen 2/1990 Beitrag: Zeugen der Nähe Gottes. Liboriusblatt 93. Jhrg., Nr. 38 vom 22.9.1991, S. 4

BIALAS, V.
Praxis Geometrica: Zur Geschichte der Geodäsie am Beginn der Neuzeit. Bayerische Akademie der Wissenschaften in Verbindung mit der C.H. Beck'schen Verlagsbuchhandlung, München 1970

BONY, J.
French Gothic Architecture of the 12th and 13th Centuries. University of California Press, Berkeley – Los Angeles – London 1983

Literatur

BOTTINEAU, Y.	Der Weg der Jakobspilger. Geschichte, Kunst und Kultur der Wallfahrt nach Santiago de Compostela. Gustav Lübbe Verlag GmbH, Bergisch Gladbach 1987
BRAMANS Bureau Municipal de Tourisme	Au Départ de Bramans. Description des Itinéraires
BRANDENBURGER STADT-JOURNAL	Die Wallfahrtskirche auf dem Marienberg. 4. Jhrg., Nr. 2/1993, S. 45-46, StJ Stadt-Journal Verlags GmbH, Potsdam-Babelsberg
BROCKHAUS	Brockhaus abc Astronomie. VEB F.A. Brockhaus Verlag, Leipzig 1976
BRUNNER	Santuario d'Oropa e Monte Mucrone. Fotoedizioni Brunner & C., Como 1991
BUTTLAR, J. v.	Gottes Würfel. Schicksal oder Zufall. F.A. Herbig Verlagsbuchhandlung, München 1992
CABILDO DE LA S.A.M.I. CATEDRAL	La Bula »Deus omnipotens« 1884. Notas històricas por José Guerra Campos. Obispo de Cuenca, Santiago de Compostela 1985
CLEMEN, P.	Gotische Kathedralen in Frankreich. Paris, Chartres, Amiens, Reims. Atlantis Verlag, Zürich-Berlin 1938
COMSION INTERDIOCESANA DEL CAMINO DE SANTIAGO EN ESP	El Camino de Santiago. »GUIA« con Servicios de ACOGIDA Para el Verano 1989
COWEN, P.	Die Rosenfenster der gotischen Kathedralen. Herder, Freiburg – Basel – Wien 1979
CUNLIFFE, B.	Die Kelten und ihre Geschichte. Gustav Lübbe Verlag GmbH, Bergisch Gladbach 1980

DERKS, P.	Trigla Dea und ihre Genossen. Soester Zeitschrift, H. 101, S. 5–78, Soest 1989
DISTRICT DE HAUTE MAURIENNE-SAVOIE Bureau Municipal de Tourisme 1991	St-Pierre d'Extravache
DONTENVILLE, H.	La Mythologie française. Verlag Payot
DROSTE, Th.	Romanische Kunst in Frankreich. DuMont Kunst-Reiseführer. DuMont Buchverlag, Köln 1989
ESCHAPASSE, M.	L'Architecture Bénédictine en Europe. Editions des Deux-Mondes, Paris 1963
FAVIER, J.	Das Universum von Chartres. Die Kathedrale Notre-Dame. Kohlhammer, Stuttgart 1989
FRENSCH, M.	Der Seelenwäger, Die Kommenden. 43. Jhrg., Nov. 1989, S. 16–20, Schaffhausen
FRENSCH, M.	Das Weihnachtsportal von Chartres. Z. Novalis Nr. 12, 1991, S. 8–12
FRENSCH, M.	Wie öffnet sich das große Portal? Die schwarze und die goldene Madonna von Chartres. Z. Novalis, Nr. 11/12, 1992, S. 9–13 und Nr. 10/11, 1993, S. 50
GANTNER, J./ GERKAN, van	Gallia Romanica. St. Gereon in Köln, Germania 29, 1951
GIMPEL, J.	The Cathedral Builders. Michael Russell (Publishing) Ltd, The Chantry, Wilton, Salisbury, Wiltshire 1983
GLAZEMA, P.	Sint Odilienberg, Pasen 1966. Verlag M. Timmermans, Roermond/NL

Literatur

GREWE, K.	Bibliographie zur Geschichte des Vermessungswesens. In: Schriftenreihe des Förderkreises Vermessungstechnisches Museum, Band 6. Verlag Konrad Wittwer, Stuttgart 1984
GRIMM, J.	Deutsche Mythologie, Bd. I., Tübingen 1953
GRIMM, J.	Deutsche Altertumskunde, Bd. 12, Göttingen 1974
GRIMM, J. U. W.	Deutsche Sagen. Nicolai, Berlin 1865
GRODECKI, L.	Architektur der Gotik. Belser Verlag, Stuttgart 1976
HEIMATVEREIN ODENKIRCHEN	Laurentiusbote, Nr. 158,159, 160, 161, 162 und 166; 1963
HEIMBERG, U./ RIECHE, A.	Colonia Ulpia Traiana. Die römische Stadt. Rheinland-Verlag, Köln 1986
HEINSCH, J.	Vorzeitliche Ortung in kultgeometrischer Sinndeutung: Der »Maßbaum« der Edda im Sonnenjahrkreise. »Allgemeine Vermessungs-Nachrichten«, Nr. 22/23, H. Wichmann, Berlin 1937
HERBERS, K. u.a.	Deutsche Jakobspilger und ihre Berichte. Gunter Narr Verlag, Tübingen 1988
HOERNER v. S./ SCHAIFERS, K.	Meyers Handbuch über das Weltall. Bibliographisches Institut, Mannheim 3. Auflage 1964
HÜRLIMANN, M.	Frankreich. Baukunst, Landschaft und Volksleben. Verlag Ernst Wasmuth A.G, Berlin 1927
HUTTERER, Cl.-J.	Die Germanischen Sprachen. Ihre Geschichte in Grundzügen. Drei Lilien Verlag, Wiesbaden, 2. Auflage 1987

INT. PUBLSG. GMBH	Kathedralen. Hundert Wunderwerke des Abendlandes. Nebel Verlag, Erlangen 1991
KAMINSKI, H.	Wormbach (HSK) – eine vorgeschichtliche Sonnenwarte in Westfalen. Der Tierkreis in der Kirche St. Peter und Paul in Wormbach; 56 Seiten, 25 Bilder, 6 Graphiken. Sternwarte Bochum 1982
KAMINSKI, H.	Die Götter des Landes Vestfalen. Der Wormbacher Tierkreis – Schlüssel zur keltisch-germanischen Kultstätte. Grobbel Verlag, Fredeburg 1988
KLINGENHELLER, H.D.	Die Druiden. Sakralgemeinschaft der Kelten. IL-Verlag, Annelies Petsch, Bad Münstereifel 1993
LENGYEL, L.	Das geheime Wissen der Kelten, enträtselt aus druidisch-keltischer Mystik und Symbolik. Verlag Hermann Bauer, Freiburg, 5. Auflage 1990
LEUSCHNER, P.	Romanische Kirchen in Bayern. Gondrom Verlag, Bindlach 1987
LINCOLN/BAIGENT/ LEIGH	Der Heilige Gral und seine Erben. Aus dem Englischen von Hans E. Hausner. Gustav Lübbe Verlag GmbH, Bergisch Gladbach 1984
MAIRS	Italien, Frankreich und Spanien Reisekarte 1 : 750.000, ADAC geprüft. Mairs Geographischer Verlag, Laufzeit 1989–91
MAIRS	Deutschland. Die General Karte, Nr. 37 euro-MAIR-cart, 1992/1993
MARTIN, R.	Saint-Michel d'Aiguilhe. Ediée par l'Association des Amis de Saint-Michel du Puy, Lyon 1990

Literatur

MERKELBACH, R.   Mithras.
Verlag A. Hain, Königstein/Ts 1984

MICHELL, J.   Die Geomantie von Atlantis.
Wissenschaft und Mythos der Erdenergien.
Ins Deutsche übers., Dianus-Trikont Buchverlag,
München 1984

MICHELIN   Carte Routière et Touristique:
Frankreich, 1 : 200.000, Paris 1991

MILLER, K.   Die Erdmessung im Altertum
und ihr Schicksal.
Verlag Strecker und Schröder, Stuttgart 1919

MINNE-SEVE, V.   Romanische Kathedralen und Kunstschätze
in Frankreich. Bechtermünz Verlag GmbH,
Eltville/Rh. 1991

MUCK, O.   Alles über Atlantis. Alte Thesen,
neue Forschungen.
Knaur Verlag, München 1976

NEUWALD, B./   Germanen und Germanien in römischen Quellen.
HEUNE, A.   Phaidon Verlag, Kettwig 1991

NOELLE, H.   Die Kelten und ihre Stadt Manching.
W. Ludwig Verlag, Pfaffenhofen 1985

OEYEN, C.   Zur Enträtselung der Fresken von Wormbach
– Glaube, Astronomie und Reichsgeschichte
vor tausend Jahren.
Rheinische Friedrich-Wilhelms-Universität
Bonn, DIES ACADEMICUS 5. Dezember 1990

PAETOW, K.   Frau Holle Weg.
Eschwege 1956

PEE, I.   Der Meißner. Heimat von Frau Holle.
Kassel Kulturwelt, 6.6.1989

PETRY, F./   Le Mont Sainte-Odile (Bas-Rhin).
WILL, R.   Guides Archéologiques de la France, 1988

PFEIFFER, E.	Die alten Längen- und Flächenmaße. Ihr Ursprung, geometrische Darstellung und arithmetische Werte. Bd. 1 u. 2, Scripta Mercaturae Verlag, St. Katharinen 1986
PIGGOTT, ST.	Vorgeschichte Europas. Vom Nomadentum zur Hochkultur. Kindlers Kulturgeschichte des Abendlandes. Kindler Verlag, München 1974
POBÉ, M./ ROUBIER, J.	Die hohe Kunst der romanischen Epoche in Frankreich. Verlag Anton Schroll & Co, Wien – München 1962
PÖRNBACHER, K.	Basilika Altenstadt, Nr. 31. Schnell & Steiner-Verlag, München-Zürich, 8. Auflage 1985
RIEDER, W. G.	Muß man heute noch wissen, wer Pallas Athene war? PM-Magazin, Nr. 10/1989
RISTOW, G.	Römischer Götterhimmel und frühes Christentum. Bilder zur Frühzeit der Kölner Religions- und Kirchengeschichte. Wienand Verlag, Köln 1980
ROSENBERG, A.	Michael und der Drache. Urgestalt von Licht und Finsternis. Walter-Verlag, Olten – Freiburg 1956
RÖSSING, R. u. R.	Bautzen. VEB F.A. Brockhaus Verlag, Leipzig 1989
SAUERLÄNDER, W.	Die Kathedrale von Chartres. Hans E. Günther Verlag, Stuttgart 1954
SAUERLÄNDER, W.	Das Jahrhundert der großen Kathedralen 1140-1260. Verlag C.H. Beck, München 1990

Literatur

SCHALLMAIER, E.	AQUAE – das römische Baden-Baden. Theiss, Stuttgart 1989
SCHMIDT, F.	Geschichte der Geodätischen Instrumente und der Verfahren im Altertum und Mittelalter. In: Schriftenreihe des Förderkreises Vermessungstechnisches Museum e. V., Bd. 14, 1. Auflage 1935, Verlag Konrad Wittwer, Stuttgart 1988
SCHREIBER, H.	Naumburg. VEB F.A. Brockhaus Verlag, Leipzig 1990
SCHUBERT, E.	Der Dom zu Naumburg. Deutscher Kunstverlag, München – Berlin 1990
SCHÜTZ, B./ MÜLLER, W.	Deutsche Romanik. Die Kirchenbauten der Kaiser, Bischöfe und Klöster. Herder Verlag, Freiburg – Basel – Wien 1989
SIMROCK, K.	Der Heliand. Aus dem Sächs. übertragen. Berlin 1926
SÖLTER, W.	Das römische Germanien aus der Luft. Gustav Lübbe Verlag, Bergisch Gladbach, 3. Auflage 1987
STEINER, R.	Karmaband IV, GA 238 und Karmaband VI, GA 240 Dornach-CH
TROMPETTO, M.	Die Wallfahrtskirche zu Oropa. Tipografia E Libreria, Unione Biellese, Biella 1963
VULPIUS, A.	Handwörterbuch der Mythologie der deutschen, verwandten, benachbarten und nordischen Völker. Wilhelm Lauffer, Leipzig 1826
WEIGAND, H.	Einsame Steine und ihre Beziehung zum Menschen. Schillinger Verlag, Freiburg i. Br. 1987